华夏衣裳

中国服章之美

肖慧芬 著

U0283598

中国纺织出版社

┃ 前言

　　中国谓之"华夏"。"华夏"一词最早见于周朝《尚书·周书·武成》："华夏蛮貊，罔不率俾。"唐代孔颖达在《春秋左传正义》将"华夏"一词疏曰："夏，大也。中国有礼仪之大，故称夏；有服章之美，谓之华。华、夏一也。"由此可知，古人是以服饰华采之美为华；以广阔的疆界与和雅的礼仪为夏。同时亦可知，服章在中国文化中占有非常重要的作用。服章，既可专指古代表示官阶身份的服饰，又可泛指服饰、衣冠。本书从它的泛指意义入手，以时间为线索，对中国各个历史时期服章的风格样式、设计特点进行了分析。

　　中国传统服饰在审美及伦理指向上，追求真善为美，和谐共生，实现了伦理与审美的价值合一。但因维护社会统治的需要，传统伦理又不得不采取了提倡共性、压抑个性的"护礼"方式，使伦理与审美走向了价值分离。虽然服饰在有关形貌和礼仪上，衣袖或宽或窄，色彩或明或暗，礼仪或丰或简，出现了"娱神性"与"娱人性"共存，"合礼性"与"合理性"同在，"华夏服饰"与"夷狄服饰"混搭这样的多元局面。但是，总的来说传统服饰并未突破"护礼"的禁区，而是将人的价值贬损于天的价值之下，成为维护封建统治的理想之器。这种情况直到近现代伦理的转型才发生彻底的改变！特别是当代服饰，因伦理与政治生活的剥离，日益脱离了传统的价值方向，沿着个性主义的发展方向位移。于是，传统服饰的保守风格不见了，多的是个性的随意、风格的多元。这种个性化潮流的出现，虽为服饰开辟了个性审美的新风尚，却也为服饰传统的扬弃带来了隐忧。因此，相对于现在服饰的风格与个性的多元化，本书更多是从传统礼仪角度对传统服饰文化进行分析。这从本书的篇幅比例分配上也可看出。本书对中国传统服饰的分析占了将近三分之二的比例，仅有少部分内容是对近现代服饰文化的分析。同时，本书还分析了传统服饰文化赖以生存的社会文化背景等内容。

本书虽然力图综合各方面的学术观点与学术成果，对华夏服饰作细致而全面的分析，但由于笔者时间与精力不足，同时也由于各类学术著作的学术见解各异，因此本书的分析还存在有许多的缺陷，特别是对各类服饰的具体特点、文化蕴含等分析还不够。对此，希望业界同仁和专家学者能够批评指正并予以谅解。

编者

2017年8月

目录

第一章 |

华夏衣裳概论

衣食住行，是人类生活与繁衍所必需的四大要素，只有满足了这四个条件，人类才能得以生存、壮大，并不断发展。在经历了漫长的演进历史之后，人类不仅适应了各种自然环境，还形成了不同的衣着方式和审美观念。这些服饰形制和审美风格是人类根据各个不同历史时期的自然环境、时代背景和社会风俗而创造出来的，因而，服饰是人类社会物质文明发展到一定阶段，融合了人类精神生活语言的产物。

衣 第一节
华夏衣裳的成因与起源

一、人类着装的动因

在人类历史上，裸体时期是一个很漫长的生活期。在大约一万年前，人类开始有了服饰。至于为何在这个时间产生服饰，专家学者经过多种考证和猜测，认为可以将其归结为生理需求和心理需求两大原因。

（一）生理需求

1. 适应气候

人类为了抵御寒冷、酷热、干燥而创造了服装。如10万～5万年前欧洲大陆上的原始人为抵御第四冰河期的寒冷，开始制作兽皮衣物；亚、非大陆上的原始人又因高温干燥而制作服装来防晒保湿。服装的穿着动机是为了适应气候、保护身体。《释名·释衣服》记载："凡服，上曰衣。衣，依也，人所依以避寒暑也。下曰裳。裳，障也，所以自障蔽也。"这也说明了服装的作用首先是防寒避暑，适应气候。原始社会人们从原来居住的炎热地带，迁移到四季分明的地带后，就需要有住房和服装来抵御严寒和潮湿，需要有新的劳动领域以及由此而带来的新的活动与作业，因此御寒防暑的功能成为适应气候的首要条件。

2. 保护身体

服饰起源"进化说"认为：服装的起源是人类为了适应气候环境（主要是御寒）或是为了保护身体不受伤害，而从长年累月的裸体生活中逐渐进化到用自然的或人工的物体来遮盖和包装身体。

人类在采集和狩猎过程中，难免受到伤害，如岩石、荆棘、猎物、昆虫等会对人的不同部位或器官造成威胁。人类直立行走，身体器官缺乏保护，于是人类发明了不同的保护性衣物来保护头部、躯干、四肢及性器官等，如用腹布、兜裆布把性器官保护起来，用皮带、尾饰物来驱赶叮人的昆虫，用泥土、油脂或植物汁液涂身来防晒和防蚊虫叮咬等。从人类生理与自然关系的角度来分析，人类变得越来越聪明，在生存过程中因生理上的保护需要而必然产生服装。

（二）心理需求

1.敬神护身

原始人类相信万物有灵，对给人类带来疾病灾害的凶恶灵魂需要躲避，而辟邪求安的形式就是在身体上佩挂饰物，既能保护自己不让恶魔近身，又可取悦凶灵不再加害于身。这就形成了原始的护身符，以后逐渐发展成为服饰。例如，原始岩画中人头上的羽毛、犄角以及身后的长尾饰，都是祭祀时沟通神与人的中介物，可敬神、能护体。

2.象征身份

据《吕氏春秋特君览》中记载："昔太古尝无君矣，其民众群处，知母不知父，无亲戚兄弟夫妻男女之别，无上下长幼之道，无进退揖让之礼，无衣服履带、宫室蓄积之便，无器械舟车城郭俭阻之备。"这是后人对原始公有制全貌的概括，从中我们了解到，在原始社会中没有君臣之制，民众群居，孩子不知有生父只知有生母，没有老幼、夫妻、男女、亲戚的关系及礼节，没有正规的服饰、家室及作战护城一类的设置等。随着社会的进步，人类由蒙昧时期逐渐向高级阶段发展，服装作为一种区分氏族与氏族之间的标志而形成。

佩饰在最初是作为某种身份象征来使用的，后来演变成衣物的饰品。原始人类中的首领、富有者、勇士为了突出自己的地位、力量、权威与财富，把一些有象征意义的物件装饰在身上，如猛兽的牙齿、珍禽的羽毛、稀有的贝壳、玉石等。这种象征装饰是原始人的一种炫耀地位和财富、显示尊严和勇敢的心理体现。有的装饰具有识别氏族的作用，后演化为图腾。

3.装饰美化

美化自身是高等动物包括原始人类在内所共有的本能。在人类裸态时期就曾出现用彩泥涂身、在身上刻痕、文身、染齿、涂甲等行为。

人类最初的装饰形式当属文身，又称图腾。原始人最初的文身并非出自审美的需要，而主要是为了在恶劣的自然环境中求得自身的生存而形成的一种神佑巫风之说。后来随着社会的发展及生活水平的提高，人类为使自己更富有魅力，想创造性地表现自己的心理冲动，运用服装把自己装饰得更加美丽，满足人们精神上美的享受。这种原始的审美心理成为服装发生、发展的最初动力。

4.遮羞蔽体

遮羞说认为，人类对裸身感到羞耻而产生了服装。从目前有关资料来看，在历史上影响最大的是基督教《旧约全书》中的"创世说"。依据《旧约全书》的说法，上帝造了亚当和夏娃，起初亚当和夏娃是不着装的，只因为听了蛇的怂恿，偷吃禁果，眼睛明亮了，有了思想了，才扯下无花果树叶遮住下体，这便是服装的雏形。

遮羞是服装产生的早期动机之一。人类直立行走、劳作等，每时每刻都面对他人的私处，以某种简单的物件遮羞身体是人类早期文明的一大发展。史学家吕思勉认为"衣之始，盖用以为饰，故必先遮蔽其前，此非耻其裸露而蔽之，实加饰焉以相挑诱"。穿服装，是人类有了性羞耻感之后，男女为了避免对方看到自身与性有关的部分而用物体掩盖起来，以得到心理上的安全感。孔引《乾凿度》说："古者田渔而食，因衣其皮。先知蔽前，后知蔽后，后王易之以布帛，而犹存其蔽前者，重古道，不忘本。"

此观点把服装起源归因于人类的道德感和性羞耻，这种观点或多或少带有一些片面性。因为人们普遍认为，羞耻观念是在文明社会产生的，即摆脱了蒙昧和野蛮之后才有的。因此，遮羞说不能证明服饰之源。总之，人类的着装动机，是经过漫长的摸索而来的。从发生学的角度来说，服装的起源绝不是一种原因作用的结果，人们或为了保护身体，或为了遮羞，或为了装饰，或为了某种祈福等因素而生产制作了服装。

二、服饰起源

在远古蒙昧时代，中国先民们群居野处，茹毛饮血，食草木之食，饮自然之水，赤身裸体，无所谓衣服。人类早期经过了漫长的裸态阶段，到了旧石器晚期，已出现会使用磨制的骨针、钻孔的骨角器缝制兽皮、树皮、树叶等早期的服装雏形，开始用这些兽皮等物来遮掩身体。再后来随着生产力的不断提高，到了新石器阶段的母系社会，人类出现了最原始的纺织工艺，有了麻类、葛类的简单纺织服装。人类着装的这一过程按时期划分大约经历了三大阶段。

（一）裸态生活阶段

从距今300万年延续到1万多年前的旧石器时代，可分为早期、中期和晚期三个阶段，即直立人阶段、早期智人阶段、晚期智人阶段。人类的裸态时期从距今约300万年前开始，延续到距今1.5万年左右止。

在旧石器时代早期（距今约300万年前），地球上经历了三次冰河期，第一次距今约6亿年；第二次是距今约2亿～3亿年；第三次是新生代第四纪大冰川期，距今约200万年。冰川对全球气候和生物发展的影响很大，特别是第四纪冰川，直接作用于人类的生存环境。人类祖先类人猿靠自身的体毛调节体温、抵御寒冷。后来考古学家在距今约180万年前的山西芮城西侯度村旧石器文化遗存中，发现了古人类用火的痕迹，这成为目前所知中国最早的人类用火的证据，这一时期广泛使用的石器类型是"砍砸器"。

在旧石器时代中期（距今约30～5万年前），早期智人的石器制作技术有了进步，发明了利用石砧打制石器的方法，出现了"尖状器"和"刮削器"，骨器的使用还比较少。和旧石器时代早期一样，这个时期人类的生活形态仍为裸态时期。

在旧石器时代晚期（距今约5万～1万年前），晚期智人所制作的石器形状更加精确美观，狭长的石叶工具占了很大的比例。这一时期，研磨石器虽然出现，但流行并不广泛。骨角器大量使用，出现了投矛器等复合武器和复合工具，以及树叶、兽皮制成的原始衣物，人类生活开始从裸态时代走向衣着时代。人类在裸态时就已懂得装饰自身，这些装饰形式中的涂色、划痕、疤痕、文身多在人的面部、手臂上，成为永久的肉体装饰形式。后来这些画身、文身装饰成为男子成年的仪式之一。

总之，旧石器时代是人类社会发展的童年时代，人们以采集和渔猎为生，社会形态为原始群居，过着集体生活。在旧石器时代人类已经学会了用火，出现了骨器，出现了制作简单的组合工具。从穴居到茅草房屋，并出现了原始的涂身与文身以及原始衣物，人类社会开始向母系氏族迈进。

（二）兽皮、树皮等原始衣物阶段

人类裸态生活了近200万年后，在距今5万年前的旧石器时代晚期，出现了原始服装的萌芽，即树叶、兽皮时代。在我国旧石器文化发展到最后一个阶段时。人类开始出现了原始涂身、文身，人们的身体已不再是完全裸露的状态。

旧石器晚期，石器的发展促进了原始人渔猎采集的进步，获取食物变得更为容易，人类开始有闲暇时间制造各种装饰品来装扮自己，原始人在身体上使用兽牙等装饰配件或用颜料涂抹画身、文身，这首先是为了区分部族、确定归属、标志婚否或是求神护佑的社会性、功利性意义，而后才考虑到装饰的功用。

在辽宁海城小孤山旧石器遗址中出土了我国迄今发现年代最早的原始缝纫编织工具，即3根骨针和穿孔兽牙等装饰件，骨针用动物肢骨磨制，针眼用对钻方法制作，距今已有4.5万年的历史。在北京郊区房山区周口店龙骨山发现的山顶洞人居住遗址，出土了的骨针，针身基本保存完好，仅针孔残缺，刮磨得很光滑。最新研究数据表明，北京山顶洞人生活的年代距今已有3万年的历史。骨针的发明，揭开了我国服装历史上最早的篇章。

旧石器时代晚期，人类第一次将树叶、兽皮、骨头等佩戴在身上是人类史上一次巨大的进步。

旧石器时代晚期，人们普遍使用兽毛皮作为服饰，既能包裹身体防御严寒，又较为舒适、耐用。在洛阳市栾川县西北的龙泉山遗址中发现了使用兽皮御寒、构筑隐蔽所的印痕，以及石核、石片和鹿、牛、犀牛等大量动物骨骼化石，其中一些大型动物肢骨化石上还有较为明显的咬痕、切痕，这说明当时的人类已具备了适应气候和地势的生活能力，能根据动物的生活习性主动捕获猎物，并用兽皮等原始服饰保护自己。他们制造简单的工具，已懂得埋葬死者和放置陪葬品。在树叶、树皮、兽皮时代的人们，所处的自然环境十分恶劣，仅凭个人的力量很难生存，他们过着群居生活，共同劳动，共同享有劳动成果。

人类在使用纤维服装以前，已经在旧石器时代的中后期有了兽皮、树皮、树叶等服装雏形，这些兽皮、树叶等遮蔽物被称为人类服饰的启蒙，而人类真正有了服装的概念是指纺织纤维织物的出现。

（三）纤维织物阶段

距今约1万年前，早期人类进入了新石器时代，磨制石器的使用、陶器的发明、原始农业的生产和房屋的营建，说明当时的人们已经开始了氏族公社生活。人们从过去依靠狩猎、采集的生活，进入定居的农耕生活时代。

距今7000年前，人类进入了母系氏族的繁荣时期，以磨制的石斧、石锛、石凿和石铲，琢制的磨盘和打制的石锤、石片、石器为主要工具。人类开始从事农业和畜牧，将植物的果实加以播种，并把野生动物驯服以供食用，不再只依赖大自然提供食物，因此其食物来源变得稳定，同时农业与畜牧的经营也使人类由逐水草而居变为定居下来，能够节省下更多的时间和精力，开始制作陶器和简单的纤维织物。人们营造房屋，改变了穴居的居住方式，男子外出打猎、打制石器、琢玉，女子采集、制陶、养蚕缫丝、编织麻葛、缝制简单的衣物，改变了人类的裸态生活形式。此后，人们逐渐用植物纤维和蚕丝来纺线和织成较细的布帛，并制作服装。在这样的基础上，人类生活得到了更进一步的改善，逐渐进入穿衣戴冠、佩戴首饰的文明生活。

在中国大地上出现了仰韶、河姆渡、大汶口、红山、新乐、马家窑、彭头山、裴李岗、兴隆洼、磁山、大地湾、赵宝沟、北辛、大溪、马家浜、良渚、屈家岭、龙山、宝墩、石家河、二里头、南庄头、大垈坑、营埔、左镇文化等新石器时代的文明，这些遗址是新石器文化的代表，表现了当时人们过着氏族聚落的生活场景。

从20世纪50年代到目前为止，经过几次大规模的文物普查，发现的新石器遗址不止3000处，经过正式发掘和试掘的新石器时代遗址也有几百处。从现已发掘的来看，几乎都有原始纺织工具的出土，如纺纱捻线的原始纺轮、纺锤、纺坠。这些纺织工具所用的材料主要有石料、骨料和烧制的陶土材料。河南屈家岭文化彩陶纺轮的发现，把我国纺织历史提前到了8000多年以前的新石器早期。仅在湖北省天门市石家河文化遗址中发现的大量陶纺轮，其形式就有10多种，多数还绘有花纹图案。在河姆渡文化遗址中发现了织布工具的骨梭、木机刀(机具卷布轴)等，这说明了我国在新石器时代早、中期就已经掌握了原始的纺织技术。

纺织服装在其长期演变与发展的过程中，也有着与生物进化相类似的现象。服装的进化由最原始最简陋的织物开始，如早期腰绳挂一些草叶、树皮等制成腰襄式的围裙以及葛麻织物制作的围腰、襄衣、项链、手镯、脚镯、发带等，逐步扩大至身体其他部位以至全身包裹，形成完整的人体着装。总之，中国纤维织物时代最迟在8000多年前就已经出现。在新石器时代出现的纺织纤维服饰，揭开了人类纤维衣料的历史序幕，开始了真正意义上的服装发展历程。

衣 第二节
华夏衣裳的整体发展

一、华夏衣裳发展的三大历史时期

纵观我国服装发展的历史，可概括出古典期、突变期和近现代期三大历史时期。古典期包括夏商周、秦汉、魏晋南北朝、隋、唐、宋、明朝；突变期主要指清朝；近现代期是指辛亥革命至20世纪末。

（一）古典期

夏商周时期是中国服装由原始社会的巫术象征过渡到以政治伦理基础的王权象征的重要历史时期。到了春秋战国时期，以服饰来区别身份贵贱的冠服等级制度已经完备。先秦时期的服装风格总体是古朴敦厚的。秦汉时期，特别是两汉，国力雄厚，内外交流日益活跃，衣冠服饰日趋华丽，男子以袍为贵，女子以深衣为尚，服装风格上雄健庄重。魏晋、隋唐时代，特别是唐朝是一个开放性社会，是古典服饰发展的一个高峰，特点是袒胸、长裙、紧身、短袖，受外来服饰影响明显，风格上丰满、华丽、博大、清新。宋朝受程朱理学的影响，服饰趋向拘谨、质朴、清秀、典雅。女服中的褙子较自由开放，具有较高的艺术美学价值，风格上典雅俊秀。元朝时期，蒙古族人穿长袍、紧袖、束腰、登靴的民族服装，汉族人则仍沿用宋的式样，后期出现了不同的民族服装有趋同性特点，总体风格粗犷多样。明朝服装上采周汉、下取唐宋，恢复了汉族服饰传统，制定了一整套新的服装制度，总体上崇尚繁丽华美，风格上清新纤巧，是古典期的大成和终结时期。

我国古典期的服装发展有两种显著的特点：一是世代相袭的民族性，并呈现出相对独立而缓慢的发展规律，即传统汉服的继承和发展。汉服风格主要是指明末以前，在自然的文化发展和民族交融的过程中形成的汉族服饰特点。汉服的源头可以追溯到中国上古黄帝时期，并一直保持着风格的传承与缓慢的演化。汉服形制从黄帝时期到唐、宋、明时代，在中国广袤的土地上，在历时近5000年的时间跨度和数百万平方公里的空间广度上，一直以主流形态出现，以右衽、大袖、深衣为典型代表。朝代的更替没有摈弃原来的服饰文化而是通过传统的继承使服装结构长期保持着相同的模式，直到清代改冠易服，汉服形制的冠冕衣裳才宣告终止。二是借鉴发展的规律，即使服装会因时代不同而表现出相应的变化，但由于长期相近民族文化的互相借鉴和不同民族间的融合，汉式服装也一直保持着基本状态和特色。继承发展是中国服装发展的主要道路，借鉴发展始终贯穿其中。

（二）突变期

清朝是我国服装史上改变最大的一个时代，也是保留本民族服装传统最多的一个非汉族王朝，称为突破期。清朝建立后统治者强令汉民剃发易服，强迫满族服装样式代替汉族的传统样式，致使男女服装在最后一个封建朝代发生了重大变化。男子的服装以满族装束为主，几千年来世代相传的传统服装制度由于清兵的入关而遭到破坏，取而代之的是陌生的异族服装，旗人的风俗习惯影响着中国的广大地区。男子穿长袍马褂，女子穿旗袍袄裙，除王室贵族外民间百姓的服装日趋简洁实用，一改过去的烦琐服饰，服装图案精致细密。这一时期的服装面料，例如锦缎，把缎织物的光洁、平滑、高贵的特性发挥到了极致，是中国古代织绣发展的最高水平。

（三）近现代期

我国服装发展的近现代期的划分思路与历史学的近代史划分稍有区别，历史学的近代是从1840年开始的，而服装发展的近代历史是从清朝结束而划分的，这也反映出服装发展的特殊性。近现代期可分为两个阶段，即1911年的辛亥革命至1949年新中国成立前后至20世纪末。第一阶段是近代服装吸收、借鉴西方服装的时期，如剪去发辫、穿上中山装和西式服装及改良后的旗袍等；第二阶段为新中国成立后，新制度、新思想、新风尚带来的服装新变化。

二、影响华夏衣裳变迁的主要因素

（一）自然环境因素

地理环境、气候风土，是人类存在和文化创造的先决条件。每一个民族的产生和每一个地区的文化特征，无不受到地理环境的影响。史前时期，人们的生产力低下，社会发展受自然地理环境影响较大。古代中国是一个农耕国家，农业在发展进程中的盛衰繁荣，直接关系到整个国家经济发展的水平。服装作为民族文化中一个可视的、具有综合表现性的类型，同样也受到自然地理气候、地貌及其水文、森林、农田、湿地等的影响。自然地理环境资源影响了当地人适应环境、改造环境的意识，并付诸服饰的制作与选择，形成独特的服饰文化。例如，传说远在黄帝时期，其妻嫘祖就开始驯养野蚕为家蚕，取蚕丝织成做衣服的锦帛。在古老的耕织图上，人们详尽地记录了古代蚕农育蚕、养蚕、缫丝、织绸的整个过程。又如，我国北方民族喜欢在嫁妆的鞋垫或肚兜上刺鸳鸯戏水、喜鹊登梅、凤穿牡丹、连理枝、蝶恋花等民俗图案，以隐喻的形式将相亲相爱、永结同心、白头偕老的纯真爱情注入形象化的视觉语言中，来反映朴素纯洁的民俗婚姻观。

（二）文化因素

1.文化传播

文化传播是指思想观念、经验技艺和其他文化特质从一个社会传到另一个社会、从一地传到另一地的过程，又称文化扩散，是基本的文化过程之一。考古资料证明，一个文化的传播范围大小，与本群族实力大小和活动范围有很大的关系。通过入侵或融合，向邻近的地理单元扩展，从而影响邻近地区的文化。但是，文化传播与交流往往是双向的。例如魏晋时期妇女服装承袭秦汉的遗俗，并吸收少数民族的服饰特色在传统基础上有所改进，一般上身穿衫、袄、襦，下身穿裙子，款式多为"上俭下丰"，衣身部分紧身合体，袖口肥大，裙为多折裥裙，裙长曳地，下摆宽松，从而达到俊俏潇洒的效果。又如，唐朝时少数民族的"胡服"促进了汉民族服饰的进步，"胡床"改变了中国人席地而坐的习俗，"胡乐"丰富了中国人的文化生活。历史证明，每一次外来文化的输入都为民族传统文化带来了新思想、新内涵，为民族服饰文化带来了新内容、新飞跃。

2.文化交流

服装是社会、文化、政治气候的晴雨表。唐朝是中国封建历史上黄金时代，建立了统一强盛的国家，对外贸易发达。这一时期，中国人的文化心理是开放的，中西文化交流是频繁的。各方面的文化交流也包括了服饰文化的交流。

（三）宗教因素

宗教是人类社会发展到一定阶段的历史现象。最初的服饰就与人类最早的宗教仪式有关。服饰作为文化的象征，它不仅在宗教仪式上不可或缺，在宗教情感上更有着不可替代的作用。服饰与宗教信仰可以追溯到远古时代的巫师。例如，萨满巫师在神事活动中，为了加强做法时的神秘感和威慑力，在祭祀活动中通常身上披挂一些与萨满教观念密切相关的衣裙、饰物等特殊的法衣，并使用法器、按照想象中神的意愿来主持祭祀活动。这是原始信仰的物化标志和感性象征，也最能集中、综合地体现出少数民族拙朴的原始宗教精神和深刻的文化内涵。服装能折射出各民族深层的文化心理结构，同时反映出在这种独特的文化母体中孕育形成的民族审美意识和审美精神。古代西亚等地区的宗教文化对服饰的影响也是显而易见的。这个地区的人们主要从事畜牧业，擅长骑射，崇拜多神。自古这个地区就存在着幽闭女性的宗教风习，女性出门要披面纱，身穿长衣裙，把自己全部遮盖起来，现在的伊斯兰教徒仍然保留这种传统。

（四）战争因素

在服装发展历史上，战争对服饰的影响是非常深广的。《战国策·赵策二》有赵武灵王"今吾将胡服骑射以教百姓"的记载。赵武灵王推行"胡服骑射"之后出现了在赵国最早的正规军装，后来逐渐演变改进为盔甲装备。"习胡服，求便利"成了服饰变化的总体倾向，奠定了中原华夏民族与北方游牧民族服饰融合的基础。

鸦片战争以后，我国的通商口岸外商云集，西方的服装文化传入了中国。晚清末期，大批有志青年出国留学，受到西方先进的思想文化的影响，他们突破封建思想的束缚，掀起了"剪辫易服"的风潮，纷纷剪去辫发，穿起西服。

第一次世界大战爆发后，由于战争的影响，后方妇女参加生产劳动，为了行动方便，出现了裙裤。裙裤是裙子和裤子的结合体，既保留了裤子的优点，便于行动，又具有裙子的飘逸浪漫和宽松舒适。

（五）政治因素

政治法律环境对服饰的流行也是有影响的。在封建社会，政治权力凌驾在财产所有权之上，从消费领域直接干涉各阶层的服饰穿着，由权利的分配决定了服饰的分配。统治阶级为了维护自身的尊严，对服装进行严格的限制。如普通百姓不可穿黄色服装，这是因为黄色象征权力，是皇室成员的专利。我国早在西周就已形成了完备的冠服制度，对不同身份等级的服饰规定严格，以后各朝各代都对衣冠服饰的等级差异做了明确规定。1911年辛亥革命后，我国服饰方面也发生了巨大的变化，简洁大方的改良旗袍等服饰在女性群体中迅速流行开来。

（六）经济因素

社会经济发展是服饰繁荣与否的物质基础。在人类数千年文明演进的过程中，服饰的发展水平始终受到社会物质财富生产能力的限制。比如隋唐时期，空前发展的社会经济使得隋唐时期的服饰文化也显得格外灿烂夺目。

（七）社会生活方式因素

德国语言学家洪堡曾说过："人从来就是与他附近的一切相联系在一起的。"人们的服饰需要取决于生活方式的不同。北极地区的土著民族—— 因纽特人的住房是石屋、木屋和雪屋。他们主要从事陆地或海上狩猎，辅以捕鱼和驯鹿，猎物成为主要生活来源，服装主要由毛皮制作。"蹀躞带"是中国古代北方草原游牧民族服饰的重要组成部分，伴随少数民族政权的建立，在官服体系中具有强烈的等级象征意味。我国北朝时期草原民族的合裆（即满裆）裤与小袄就是为游牧民族的生活方式而创造的。

三、华夏衣裳发展的基本特征

（一）丰富多彩、兼收并蓄

不同民族的服饰所反映的文化特征也各有差异，服装构成一个民族的外部特征。中国传统服饰文化历经数千年的光辉发展历程，其内涵是极其丰富多彩的。

中国历代服装以其历史悠久、款式多样、工艺精巧、色彩鲜明、装饰独特而著称于世，世界上很难找出像中国这样在同一个国家、同一时期内，可以出现如此丰富多彩、风格形式不同的民族服饰。

战国时期的赵武灵王胡服骑射、汉代的丝绸之路、魏晋南北朝的民族迁移、隋唐五代的胡服之风、辽元明清各族服饰的鲜明特点，一直到近代的改良旗袍，都体现出中国服装在其发展历程中备民族相互融合的特征。我们曾经有过"汉家威仪""魏晋风骨""大唐风范""隽秀两宋""繁缛大明"和"变化清朝"的辉煌时代，也有过新中国成立后，改革开放的中国服装工业产业群百舸争流、高速持续发展的30年。

中国是一个多民族的国家，每个民族都有自己独特的服饰习惯和瑰丽多彩的服装样式，它们共同构成了中华民族宝贵的服饰传统。中国服饰发展历程中所体现的古朴之美、华丽之美、清雅之美、凝重之美，反映出中国服装的根本文化属性，也奠定了东方人衣着审美的基础。

（二）和谐统一、衣人相映

中国历代服装发展强调服装与穿着者的身份、社会、环境的和谐与统一。中国人的"天人合一"宇宙观强调整体的和谐。在与环境相统一的服装体系中，更重视与社会环境的统一，注重服装的精神功能，并将其道德化、政治化。在服装的长期演变中，不论朝代制度如何更替、社会风尚如何改变、服装外形如何变异，中国服装所表现出的内在实质却始终没有改变，具有长期的稳定特性。

纵观中国古代服装发展的轨迹，可以看到，富有民族特色的服饰内容世代相

（三）继承发展、包蕴文化

袭，具有相对独立而缓慢的发展规律。即便是服饰突破期的清朝服装发展也是如此，如在官服中也采用明代的补子服装。这与西方服饰的传播性发展有很大不同，西方服装发展所表现的变异与创新性远大于继承性，而中国恰恰相反。中国服装的借鉴发展表明，服装是一个民族、一个国家文化的组成部分，对于一个大民族的服装来说，继承的发展是随着民族文化的延续而不断发展的。即使时代不同了，民族文化的基本特征也会一直保持下去。

（四）官服民装、并行发展

从中国历代服装发展来看，官服与民服成为服装发展变化的两条主线。古代官服是政治的一部分，官服的功能是达到"使天下治"的目的，因此，官服是一种身份地位的象征、一种符号，它代表人的政治地位、社会地位。从商周的官服制度建立起来开始，官服就一直在不断地发展，以至到清代时发展成为复杂与繁缛的样式。而民服作为最广泛的大众服装，也受封建时期冠服制度的约束，穿衣打扮恪守本分，不得僭越。虽然官服与民服遵守的是"上得以兼下，下不得僭上"原则，但不同时代的平民服装也在不断地更替、发展与变化，在不越界的条件下，更多地向实用、多样、美观发展。

（五）西风东渐、兼学别样

不论是上古的周汉魏、中古的唐宋明清，还是21世纪的今天，我国服装发展一直是以传承和借鉴其他民族服饰内容为主的模式。特别是冠服制度的消亡，解除了服制上等级森严的桎梏，人们的服饰也随之而发生了根本的变化。由20世纪初期传统旗袍的宽大、平直改良为现代旗袍，并"收腰加省"体现人体美。20世纪中期以后受西方服饰文化的影响逐渐加大。进入21世纪，随着全球一体化的到来，我国服饰在不断地与世界主流服装接轨，时装走向平民化、国际化，着装也由过去的封闭走向自由开放。时尚元素设计的服装自由、洒脱、前卫，使中国服饰元素与现代国际服装流行风格完美地结合在一起。

第三节 衣
华夏衣裳的风格审美

一、先秦时期的服装风格审美

商、周时期我国染织工艺的艺术成就突出表现在丝绸的织和绣花纹样方面。但服装面料图案因受施纹工艺的限制，大多呈现几何形状。在各种几何形纹饰中，菱形纹占主导地位。这些菱形纹变化多端，或曲折，或相套，或交错，或呈环形，或与三角形纹、六角形纹、S形纹、Z形纹、十字形纹、工字形、八字形纹、圆圈形纹、弓形纹等几种纹样交错相配，形成诡如迷宫、精妙绝伦的艺术效果。图案题材有动物纹、人物纹、花卉纹样等，图案色彩多有红棕色、黄色、绿色、土黄色、黑色、灰色等，既艳丽缤纷又和谐统一，显示出制作者们很高的色彩修养。

现存的世界上最古老的织花丝绸文物标本是附在商代青铜钺上的回纹绮残痕和青玉戈上的雷纹残痕。有"丝绸宝库"之称的湖北江陵马山1号墓出土了几乎包括前秦时期全部丝织品种的30多件实物标本。这批丝绸制品遗物，保存得非常完整，精美绝伦的制作工艺和灿烂缤纷的文采，充分展现了中国丝绸织绣工艺在先秦时期所达到的高超水平（图1-1）。

图1-1 马山1号墓出土的周代楚墓丝绸纹样

二、秦汉时期的服装风格审美

（一）秦汉时期的服装纹样

随着秦汉中央集权大一统的出现，以楚文化为代表的南方巫术文化与以儒家思想为代表的北方先秦理性精神相互融合、相辅相成，共同构成了两汉服饰纹样的审美特征，其最具代表性的纹样是云气灵兽纹。云气灵兽纹表达的是鸟飞鱼跃、狮奔虎啸、凤舞龙潜、云气缭绕的极富活力与生气的理想世界。纹样的构成连绵起伏、多层叠加，流动飞扬的云气为其骨骼，灵兽纹与汉体铭文穿插其间，上下循环，左右贯通，呈现出行云流水的运动态势，没有了先秦的严肃与呆板。内容上，双菱形组合成的杯形纹寓意生活丰裕；起伏绵延的流云、波状纹构成的长寿纹以及万事如意纹、乘云纹、宜子孙纹、长乐明光纹等，都直接反映出儒道互补而呈现的向往长生不老、皇权永固、羽化登仙等祥瑞思想。丝绸之路的开通，一方面使中原文化得以对外传播；另一方面西域的文化也融入到中原的服饰纹样中，如人寿葡萄纹厨（用毛做成的毡子）等。从出土的实物来看，汉代纹样所显示出的高超艺术水平后世难以企及，堪称中华本土文化纹样艺术的典范。

图1-2为"乘云秀"黄绮，在绮地上用朱红、浅棕红、橄榄绿三色丝线，绣出叶瓣、云纹等，1972年于湖南长沙马王堆一号墓出土。

图1-3为"登高明望四海"锦，此为从中原沿丝绸之路输往新疆的实物遗存，1954年于新疆罗布淖尔出土。图1-4至图1-8是汉代其他纹样。

图1-2 汉代"乘云秀"黄绮

图1-3 汉代"登高明望四海"锦

图1-4 汉代云气如意纹锦

图1-5 汉代茱萸纹纱

图1-6 汉代"文大"

图1-7 汉代"延年益寿"纹锦云气纹刺绣

图1-8 汉代"宜子孙"纹

（二）秦汉时期的服装色彩

服装色彩按照中华五色之分，有五个正色，即青、赤、黄、白、黑；五个间色，即绿、橙、流黄（褐黄色）、縹（淡青色）、紫。秦汉时期的帝王高官的礼服色彩为"玄衣纁裳"。帝王臣僚的大绶色彩有黄、白、赤、玄、縹、绿六彩，小佩有白、玄、绿三色；三玉环、黑组绶、白玉双玉佩、佩剑、朱袜、赤舄，组成一套完整的服饰。秦朝尚黑，西汉尚黄，东汉尚赤尚黄。秦的服饰标准色是黑色。除冕礼服使用五正色外，秦汉时期的服装色彩主要以对比色为主，强调明快、醒目与艳丽，在质朴中见华美。马王堆1号汉墓出土的染色织物颜色多达20种，充分反映了当时印染技术水平所达到的高度。通过对这些染料的化学分析得知：有植物性染料，如茜草、栀子和靛蓝等；有矿物染料，如朱砂和绢云母等，这些染料可以组合成丰富的服装色彩。

与上层社会贵族的多彩服饰相比，百姓的服装色彩普遍单一，主要以麻纤维的本白色和黑色为主，其次是青、绿色。一方面是这些色彩原料易得、着色工艺简单，甚至不用着色工艺，直接用纤维的本色。另一方面，体现了社会制度与服饰制度对人们服装色彩的约束。不同阶层、不同场合，其服饰色彩应符合伦理纲常，不得乱用。汉代文献中有"白衣"称谓，多指普通民众常见的服色。

三、魏晋南北朝时期的服装风格审美

（一）魏晋南北朝时期的服装纹样

魏晋南北朝的战乱造成了民族大迁徙，促进了各族人民的大融合，加上佛教盛行带来的影响，服饰纹样改变了汉代枝蔓缠绕、行云流水的样态，以及以云、龙纹或动物为主纹样而形成的有规则的构图。大量具有塞外风情及西域特色的装饰纹样传入中原，渗入社会生活的各个方面，如莲花、忍冬、卷草、葡萄等植物纹样，以及狮子、象等西域、佛教常用的动物纹样等，这些纹样在出土文物以及同时期的石雕、砖刻、壁画中都有大量遗存，其纹样结构大多比较对称，如二方连续、四方连续以及西域的套环结构。这个时期常见的忍冬团窠龟背纹、兽王锦纹、缠枝纹、对鸟对兽纹等织绣图案，都具有强烈的异域装饰风格（图1-9至图1-12）。

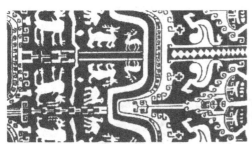

图1-9 动物几何纹

图1-10 忍冬团窠龟背纹

图1-11 缠枝花毛织物

图1-12 几何龙虎朱雀纹

（二）魏晋南北朝时期的服装色彩

魏晋南北朝时期的服装面料与色彩图案受南北方民族融合的影响，男女服装色彩逐渐丰富。妇女们为了美化自己，使用各色衣料，以致朝廷出面干涉才有所收敛。南朝时周朗曾上书宋孝武帝，建议禁止民间服饰用"锦绣罗，奇色异章"。贫苦劳动妇女只能穿褐蓝等色的粗布衣裳，即所谓的"荆钗布裙，足以成礼"。

四、隋唐时期的服装风格审美

（一）隋唐时期的服装纹样

服饰纹样历汉、魏晋南北朝至隋唐，经数百年对外来纹样的吸收与融合，逐步完成外来纹样民族化的改造，产生了融贯中外的新的纹样形式与风格，以植物纹样为主题的服饰纹样体系基本形成。其特征为：以植物纹样为主体，以审美装饰为目的。纹样内容以写生折枝花、团花和散朵花最具代表性，它们与众多飞禽自由组合，体现出花团锦簇、燕雀翱翔的吉祥图景，是大唐盛世勃勃生机的象征，充分展现了唐人自信、面向自然、面向生活的情趣以及开放的社会风尚。唐代服饰纹样尤以草纹、植物卷为多（图1-13至图1-20）。

图1-13 花鸟缠枝纹   图1-14 花鸟纹

图1-15 大宝相花纹

图1-16 对兽纹

图1-17 人物对饮纹

图1-18 团窠连珠对鹿纹

图1-19 对马纹

图1-20 团窠对鸟纹

（二）隋唐时期的服装色彩

隋唐五代时期，服装造型雍容华贵，服装质料富丽堂皇，面料以丝、麻为主，以红、紫、黄等鲜艳的暖色为主要色调。富家女子常常用精美的丝织品做衣料，衣服柔薄而精巧。盛唐时期的丝织技术高超，丝织品花色品种很多，出现了新的纹饰。纹缬染色更有新的发展，出现了最早的蓝印花布和蜡染、扎染等工艺。这些出图的纺织品主要有红色、绛色、棕色绞缬绢及罗，蓝色、棕色、绛色、土黄色、黄色、白色、绿色、深绿色等腊缬纱绢及绛色附缀彩绘绢等，表明印染工艺技术达到了新的高度（图1-21、图1-22）。

图1-21 团窠宝花水鸟印花绢

图1-22 宝相花印花绢褶裙

五、宋元时期的服装风格审美

（一）宋元时期的服装纹样

相较于唐朝的艳丽、华美，宋朝服饰纹样风格轻淡、自然、端庄。宋王朝建立后，城市商业经济的繁荣兴旺带来了手工业的发展，进入南宋后，文人士大夫阶层的审美与理想染上了一层孤冷、伤感的情调，寄情于世外的隐逸生活。大自然中诸多为人们所喜爱的花草鱼虫、飞禽走兽成为服饰纹样中流行的题材；生动自然的写生折枝花、穿枝花以及大量花鸟纹导致服饰纹样完全走向了世俗化。另外，作为宋朝正统思想的程朱理学，也对服饰纹样有所影响。比起唐朝纹样强调祥瑞意义，它更注重纹样的装饰性与政治伦理主张的关系。在表现形式上强调规范性，在特定形式和严格规范中表现美。如龙纹到了宋朝成为统治者服饰上的符号象征，亲王以下不得使用。同时，几何纹样大量出现，并更加严谨、端庄，如龟贝、方棋、方胜、锁子、簟纹、樗蒲等。特别是遍地锦纹的八宝晕，合并多种纹样而成，组织严谨复杂、纹样多样规范、配色丰富多彩，成为宋朝纹样最有代表性的构成样式。宋朝服饰纹样名目繁多，就大类而言有几何纹、花卉纹、鸟兽花卉纹、人物纹等，具体而言有缠枝纹、葡萄纹、如意牡丹纹、百花孔雀纹、遍地杂花纹、梅、兰、竹、菊等纹样。纹样的结构形式有二方连续式、散点式、团花式、折枝花式、穿枝花式等（图1-23至图1-30）。

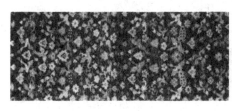

图1-23 鸾鹊纹

图1-24 八宝吉祥纹织锦

图1-25 鸾雀穿花纹

图1-26 龟背纹

图1-27 牡丹纹（一）

图1-28 牡丹纹（二）

图1-29 八答晕纹

图1-30 莲花如意纹

（二）宋元时期的服装色彩

宋代的织染业相当发达，其崇尚朴素自然，这种审美也影响到服饰的色彩。宋代服饰呈现出典雅朴素的色彩特征。《苏州纺织物名目》中讲到南宋时期，嘉定安亭镇有归姓者创始药斑布，"以布夹灰药而染青；候干，去灰药，则青白相间。有人物、花鸟、诗词各色，充衾幔之用"。药斑布又名浇花布，是现今民间蓝印花布的前身。

辽、元的服饰纹样和色彩都继承了宋代风格。辽、元的丝织品名目大多采用织金工艺，另有青、红、绿诸色织金骨朵云缎、八宝骨朵云、八宝青朵云、细花五色缎等。

六、明清时期的服装风格审美

（一）明清时期的服装纹样

明朝服饰纹样在前代的基础上有所发展变化，表现出前代无法比拟的丰富性。明代已经进入封建社会后期，社会生活比较安详富足，人们意将心中的期盼与吉祥之寓意施于图案纹样上，或以某种物品寓其善美，或以某种物名之音谐示吉祥，因而称之为"吉祥图案"。明朝服饰纹样的审美趣味趋于世俗化，除龙纹为皇家所独有外，还有以松、竹、梅组成的寓意高洁的纹样"岁寒三友"；以松树仙鹤组成的寓意长寿的纹样"松鹤延年"；以石榴、佛手组成的寓意多子多福的纹样；以鸳鸯组成的寓意男女间爱情的纹样；以瓶子、鹌鹑组成的寓意平安的纹样；以荷花、盒子、如意组成的寓意和合如意的纹样等，它们成为这个时期的标志性纹样符号。此外，还有一些动物、植物、几何纹构成的纹样（图1-31至图1-35）。

图1-31 如意纹　　　　　　图1-32 寿字纹　　　　　　　　图1-33 麒麟瑞草纹

图1-34 宝相花纹　　　　　　　　　图1-35 吉祥纹

　　清朝进入封建社会末期，服饰不仅继承与发展了宋明以来的纹样，也进一步融合了国内各民族的纹样；不仅民间纹样与宫廷纹样之间相互借鉴模仿，而且更广泛地接受了外来的纹样。多种因素混合，形成了清代纹样异常纷繁复杂的内涵与样式，其总体的风格可分为三个时期：清初期对汉文化传统的模仿，纹样细密，色彩淡雅柔和；中期纹样开始形成自己的特色，繁缛华丽，具有洛可可风格的特点；晚期纹样倾向写实，色调清新。概而论之，清代服饰纹样取材广泛，配色丰富明快，花色品种多样，传统的祥瑞思想得以传承。清代的吉祥纹样集历代之大成，纹样构成"图必有意，意必吉祥"，把吉祥饰纹发展到了极致。纹样除写实花鸟，如云鹤、喜鹊、牡丹、佛手、蝴蝶、石榴、寿桃、梅、兰、竹、菊等外，还有器物纹与文字纹样，如宝盖、法轮、瓶戟、宝剑、书卷、花篮、葫芦、琴棋、书画、八宝、八结、八吉祥、万字联、万寿团花、福禄寿喜，等等，包罗万象，名目之多不能尽数。这些纹饰制作细腻精致，色彩层次变化丰富，刺绣工艺精湛，动、植物纹样写实逼真，其烦琐细密的程度令人惊叹（图1-36至图1-45）。

图1-36 牡丹纹

图1-37 团龙纹织绣

图1-38 双龙庆寿纹

图1-39 龙生九子图案花纹

图1-40 龙凤呈祥纹

图1-41 八仙庆寿纹

图1-42 仙鹤金鱼纹刺绣

图1-43 锦鸡纹刺绣

图1-44 翔凤纹缂丝　　　　　　　　图1-45 团鹤花卉蝴蝶纹刺绣

（二）明清时期的服装面料与色彩

明朝纺织业极为繁盛，纺织品无论是数量还是质量都超越了前朝。服装材料主要有缎、绢、罗、纱、绒、绫、锦、麻、棉布类，其中缎类为皇帝、皇后、命妇及重臣权贵的服装用料。缎的品种包括素缎、暗花缎、织金缎、两色缎、闪缎、遍地金缎、妆花缎、织金妆花缎、妆花遍地金缎、云缎、补缎、暗花云缎、暗花补缎等，而且缂丝、刺绣、织金、妆花、孔雀羽线等加工技艺精细，均已达到高超水平。

清代服饰面料主要有绫、罗、锦、绸、绢、葛、棉布、缂丝等。色彩方面，汉族以红色为贵，在喜庆时节多穿红色，这种红色吉祥的理念影响至今。满族服饰面料常用红色、蓝色、紫色、白色、淡黄、紫黑等。满族尚白，以白色为洁净，象征如意吉祥，因而白色是满族服饰中的一个重要颜色。

第二章 |

服章的育成与定制时代

　　服章的育成与定制时代一般是指原始时期至先秦时期这一个历史阶段。原始时期一般包括旧石器时代和新石器时代。先秦时期一般指约公元前2100年至公元前221年，秦朝建立之前的历史时代，即夏、商、西周，以及春秋、战国等历史阶段。因而服章的育成与定制时期从广义上讲是指秦朝以前的历史时代，即从远古人类产生到秦始皇灭六国为止这段历史时期。本章我们将详细论述我国服饰文化在早期的诞生和发展历程。

衣 第一节
社会与文化背景

一、原始时期的社会文化背景

（一）原始时期的社会文化概况

人类到底什么时候穿上衣服的呢？由于时间久远，这已经成为一个永久"解不开"的话题，但《礼记·礼运篇》有证："昔者，先王未有宫室，冬则居营窟，未有火化，食草木之实，鸟兽之肉，饮其血茹其毛；未有麻丝，衣其羽皮……后圣有作，治其麻丝，以为布帛。"战国时期庄子认为"古者民不知衣服"，夏天积存下柴草，冬天烧火取暖，叫作"知生之民"。人类披着兽皮和树叶徘徊了数不清的岁月，才艰难地从洪荒时代跨进了文明时代的门槛。据史料记载，进入文明初期的人们穴居山崖、赤身裸体，以果实根茎果腹，或用天然石块、树枝等捕获野兽作为食物。冬天人们把所获得的兽皮用来裹护身体御寒保暖，夏日则拣取树叶遮掩阳光，以免受炎炎烈日的照射。"搴木茹皮以御风霜，绚发冒首以去灵雨"所描绘的正是这一时期生活的状态与服饰雏形。

在度过地球上最后一次冰期之后，人类的生产和生活方式发生了重要变化。这时人类不仅掌握了一定的生活资料和对生产工具的运用技能，而且已经具备村落定居的某些条件。人们纷纷从山林洞穴里走出来，在靠近水的地方定居下来，相对稳定的农耕生活使人类有了比较可靠的生活资源。在仰韶文化的典型遗址—半坡村遗址中可以看到，我们的原始先民除狩猎外，已学会了农作、制陶与纺织。

战国时期的《商君书》记载"神农之世，男耕而食，妇织而衣"。传说黄帝时期，黄帝的妃子嫘祖发明了养蚕缫丝，大臣伯余发明了制衣工艺，"黄帝、尧、舜垂衣裳而天下治"。这些说明在远古时期，人类早期经过了漫长的裸态阶段，随着生产力的发展，到了旧石器晚期，人们越来越不满足于用树叶、兽皮蔽体，已出现使用磨制的骨针、钻孔的骨角器缝制兽皮、树皮、树叶等早期的服装雏形，开始用这些兽皮等物来遮掩身体。再后来随着生产力的不断提高，到了新石器阶段的母系社会，随着对纤维纵横交错原理的逐步认知，织物原料得到生存空间，人类出现了最原始的纺织工艺（图2-1），有了麻类、葛类的简单纺织服装，后来甚至有了丝织品。这些都为服装的发展提供了物质基础，既而诞生了中国最早的服装形制——上衣下裳。

图2-1 陶罐底部编织印痕①

从考古文物当中也可得到远古时代人们制衣的印证，如北京周口店猿人居住的山顶洞遗址中出土了一枚保存完好的用骨头磨制的针（图2-2），1972年在江苏吴县草鞋山发现有三块原始时期葛布残片，在陕西半坡遗址中出土的陶器底部也有麻布纹，在屈家岭遗址中出土了大量原始纺织工具——陶纺轮，在长江流域良渚文化遗址中发现了迄今最早的家蚕丝织品残片（图2-3）等。通过祖先给我们留传下的文字与图像记载以及用我们现代人已知的知识推断，至少1000万年前的古猿人开始用树叶、兽皮防暑、御寒、蔽体、遮身；约18000年前，"北京人"用骨针缝制衣物；约7000年前，浙江余姚河姆渡氏族人、河南仰韶

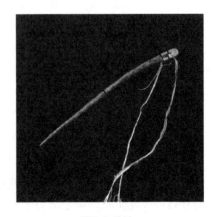

图2-2 骨针

①这个陶罐底部的印痕是用竹或藤条编织的竹席留下的痕迹。这种用经线与纬线交替的编织技术孕育出纺织技术。

和山东大汶口族人，已经开始种植桑麻，养蚕制丝纺线织布；约4000～5000年前，我们的先人就穿着丝制的宽身大袖衣服在治理国家了。

在一些已发掘的墓葬中，随葬物与尸骨上出现了朱砂涂染的痕迹，一些器物上甚至有精美的抽象图案装饰。这表明，人类此时已有了审美的意识和原始宗教观念。

图2-3 良渚文化丝织品残片

（二）原始时期服饰产生的影响因素

1.宗教崇拜

新时期时代的服饰形态，由于没有文字记载，主要靠历史遗存和史学家对墓葬的发掘、推算、分析得出结论。以仰韶文化时期的彩陶为例，这时期原始先民的渔猎生活还占相当比重，绘有鹿纹、人面鱼纹的器物与当时的渔猎、祭祀活动不可分割，从中亦可判断出服饰的发生、发展与原始宗教的种种仪式有着密切的关系。彩陶纹饰中的艺术表现，虽然不是几千年前的实况摹写，却也使我们看到一些巫祝盛饰的形与影。

古人对服饰具有神秘观念，不像今天的穿衣讲求实用和美观，而是和吉凶祸福相联系，看作个人命运的一部分。据文献资料记载，出土的原始墓葬中一些物品上明显留有赤铁矿粉的红色痕迹，如在项圈上涂抹红色，人死后在周围撒上红色等。据考证，这是一种巫术迹象，一种辟邪和再生愿望的表达。巫术的种类和表现形式有很多，其中很重要的一点就是对服饰加以神化，使服饰品变为寄予某种精神并具有超自然力量的替代品。如在部族祭奠、村落事物的裁决、消除疾病寻求康宁、针对外部族的抗争时，巫术均扮演着重要角色，而巫师的装扮——服饰成为传递信息的最重要的符号。屈原《九歌》中描述巫术仪式的文字，成为我们了解远古社会人物着装的宝贵资料。蒙昧时期，巫术引导人们以自己的力量去面对自然征服自然，服饰所起的作用不可低估。今天，这种为祈求来年丰收、消灾、辟邪而举办的巫术仪式仍在民间存在（图2-4）。

这种章服的宗教职能，直到封建社会时期还制约着人们的服饰观念，历史上有不少所谓"妖服"的记载，例如，《舆服制》和《五行志》中，不少还成为典故和谚语流传后世。

图2-5为青海大通孙家寨出土的新石器时代马家窑文化舞蹈纹彩陶盆。从人物的形象上看，在距今5000～7000年前，人们从原始的披发发展为编发，裸体上有了装饰或遮挡用的服饰配件。

图2-4 岭南一代保留有原始巫舞风貌的禾楼舞

图2-5 舞蹈纹彩陶盆

祭祀活动是对神灵或已逝祖先、亲人的追忆和纪念，部族通过这一活动来实现亲族联络、血缘凝聚与文化认同，它为以后中华文化中的宗法制和伦理观奠定了基础。祭祀活动需要一整套仪式来显现它的神圣与庄重，宗庙祭祀的隆重仪式场面便是例证。仪式成了与神沟通的象征符号，而象征一旦被人们习惯和接受，它就起了一种清理秩序、使世界从无序走向有序的作用。在几千年的文明进程中，祭祀活动中的这套象征仪式形成了一个庞杂而有序的系统，也成了一种维系宇宙秩序和社会秩序、支撑知识体系和心理平衡的重要手段。在这套复杂的仪式活动所借助的物质形态载体中，服饰是不可或缺的主要因素。《论语》中载："子曰：禹，吾无间然矣，菲饮食而致孝乎鬼神，恶衣服而致美乎黻冕。"黻冕指祭祀中的服饰。这里是说夏禹平时衣着朴素，而祭祀天地、祖先则必须身着特殊的华美服饰。《易·系辞下》中载："黄帝、尧、舜，垂衣裳而天下治，盖取乾坤。"《逸周书·世俘》也记载了周武王克殷之后，为了证明自己统治的合理性，举行了盛大而庄严的仪式，其中一项仪式就是"王服衮衣，矢琰格庙"，说的是穿着祭祀用的盛装，供奉着美玉，来敬告祖先。

2. 图腾崇拜

原始社会的氏族和部族大多信仰"图腾"，图腾是原始人坚信自己的部族产生于某种自然物的结果，氏族和部族成员往往把最主要的和经常捕食的动物作为崇拜对象，对其祭祀供奉，相信它是本族的神灵，是大自然赐予的衣食之源，并对其表示感恩礼赞。

图2-6为新石器时代仰韶文化的人面鱼纹彩陶盆，1955年陕西西安半坡遗址出土。盆上绘有人含双鱼图像，与半坡人的图腾崇拜有关。人面头顶束髻，以骨笄约发，上有尖顶状冠饰。此画面也似乎让我们感受到了某种神秘的宗教与象征意义。

图2-6 人面鱼纹彩陶盆

　　在考古发掘和神话传说中发现我国远古时代具有丰富的图腾崇拜资料。相传黄帝率熊、罴、貔、貅、豹、虎同炎帝殊死搏斗，这六兽其实就是指以其为图腾的六个氏族。另外还有鱼、鸟、蛙、龟、蛇、猪、马，以及人们想象出来的动物，如龙、凤等，都曾是中华先民崇拜并奉为本族徽帜的图腾物。连同其他动物或植物，乃至日月或星辰的图腾，都曾经是不同氏族的标志符号。文献资料载，夏民族崇尚龙图腾，商民族崇尚鸟图腾。《诗·商颂》中写道："天命玄鸟，降而生商。"在战国墓葬中出土的文物中就出现了绘有此类图腾的纹样（图2-7至图2-9）。

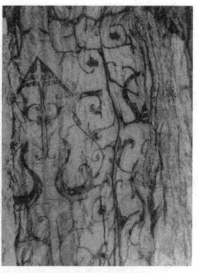

图2-7 曾侯乙棺椁内漆画中的朱雀纹　　　　　　　图2-8 战国凤纹刺绣

图2-9 曾侯乙镈钟舞部对峙蟠龙钮

　　这种"图腾崇拜"对古代衣冠有很大影响。拿弁冕和冠来说，其产生就是有意识地模仿动物头上的角制作的，古代纹身的花纹也是模仿动物的花纹。至于衣裳上绘制的图形，综合了劳动实践创造的工艺造型及自然原始形态。据说，"舜"时祭祀的礼服上，已绘绣（也有说是织绣）十二种图形，即日、月、星辰、山、龙、华虫、宗彝、藻、火、粉米、黼、黻，也称为"十二章纹"，后来演义为不同官位服装上的标识。

　　不少服饰的图案具有一定的象征意义，如"喜鹊"表示吉祥，"松鹤"表示长寿，"蝙蝠"表示喜庆等。从历代服饰制度整体上看，都渗透着原始宗教和封建宗法观念。这和现代人不同，也和古代西方国家两异，成为古代华夏文化的一个特色。在今天的文化圈里，图腾崇拜依然有迹可循，祖先崇拜的符号仍然可从许多流传至今的服饰纹饰中找到佐证，如布依族、苗族、畲族、纳西族、高山族等（图2-10至图2-14）。

图2-10
苗族服饰中的蝴蝶图腾纹

图2-11
高山族服饰中的蛇图腾纹

图2-12
布依族服饰中的水图腾纹

图2-13 畲族的鸡冠帽
来自公鸡的图腾形象

图2-14
纳西族服饰中的蝴蝶图腾纹

3. 生存需要

人类的服饰起源，基于人类的原始思维，带有原始文化的共同性，如对自然的依赖，对部族生生不息的渴望，对超自然力量的恐惧与崇拜，对生的珍惜与对死的不解……尽管地理气候的差别使服装的材质有异，但服饰的文化性有着惊人的相似之处，最突出的就是保护生殖和生命的本能行为。

从彩陶纹饰上所描绘的披皮饰兽的服装形式判断，这种服饰的起源可能与原始人追逐大型动物有关。在弓箭发明以前，他们若要猎获较大型动物，需埋伏到非常接近目标的地方，甚至混迹于兽群之中，故披兽皮饰兽尾成为必要的伪装。因此，服饰的产生亦有可能出于猎捕猛兽、应付战争的需要。

远古人类要与自然抗争、与凶猛的野兽抗争，人群的力量显得尤为重要，繁衍成为头等大事。有资料载，传统服饰中的蔽膝就是源自人们对生殖和生命的保护与崇拜而率先制造出的服饰配件。

从彩陶纹饰中我们可以猜想，人们在狩猎或战斗中出于本能的反应，为避利爪与矢石的伤害或出于伪装与威吓，不得不向某些有鳞甲与甲壳的动物学习，即采取所谓"孚甲自御"的办法，用骨针缝制出胸甲、射鞲一类的局部保护服饰。这种掩形、装饰的方法为后来大面积保护、遮挡身体的服饰奠定了基础。

"民童蒙不知东西，貌不羡乎情而言不溢乎行，其衣致暖而无文，其兵戈铢而无刃，其歌乐而无转，其哭哀而无声。凿井而饮，耕田而食，无所施其美，亦不求得"……这段话描写了远古时期混沌而淳朴的世界与人对服饰本能的需求。

从以上可看出，在服饰形成初期，本能需求与精神需求乃是其最主要的起因，而且早期的服装应该是由初始的部件，如裈裆、蔽膝、射鞲、胫衣之类的零部件构成，它们为中华民族的服饰文化开创了先河。伴随着社会的进步和工具的改进，服饰文明得以进一步发展。虽然今天我们未能亲眼见到远古遗存下来的服饰实物，但是远古时代的文化遗存所残留的痕迹，使我们能够还原当时的情形。

二、夏商周时期的社会文化背景

（一）夏商周时期的社会文化概述

约从公元前5000年起，我国渐渐进入了父系氏族公社阶段。约在公元前2700年，活动于陕西中部地区的是以黄帝为首领的部落和其南面一个以炎帝为首的姜姓部落，双方经常发生摩擦。后来黄帝打败了炎帝，两个部落结为联盟，并攻占了周边各个部落，形成了后来的华夏族。

公元前21世纪，中原地区的原始氏族公社制时代走到了历史的尽头，阶级社会已经出现在黄河中下游平原的土地上，相继出现了夏（前21世纪—前16世纪）、商（前16世纪—前11世纪）、西周（前11世纪—前771年）几个王朝。以夏王朝的建立为标志，人类社会由氏族社会转变为国家，从蛮荒逐渐走向文明。公元前21世纪，禹的儿子启破坏禅让制，建立了联邦制的夏王朝，定都河南省登封市，这是华夏历史上的第一个国家政权，也是我国第一个奴隶制国家，中心地域在河南西部和山西南部。这一时期有了最早的天文、城郭、军队、刑法，并且出现了专业的史职人员。

商朝是奴隶制社会巩固和发展的阶段，社会和生产力都有了极大的发展。殷商的中心统治区在黄河中下游的中原地区。殷商建立以后，经过长时期对周围各国的频繁战争，其势力范围曾一度北起燕山，南到长江流域，东至大海，西至关中地区，成为当时世界的文明大国。商代的500年间，社会政治、经济和文化获得了空前发展，国家进入了繁荣时期，古代青铜文明达到了高峰阶段。服装及衣料快速发展，服装制度趋于完成。

西周时期，社会政治采用分封制、世袭制和等级制，把王国统治和奴隶主贵族政治推进到了一个新阶段。西周时期，王朝的疆域进一步扩展，青铜铸造发展到了鼎盛时期。由于周代已有"爵位等级"制度，故服装等级制度逐渐完善。在祭祖服饰、器物、宫室、车马等的使用上，也都按照"爵位等级"有严格的规定，不得逾越。

东周时期是指春秋与战国时代，周王室衰微，导致多个大国争霸，北方少数民族也开始与中原融合。服饰上广泛出现了胡服、深衣等，对服饰的第一次争论也出现在这个时期。

夏商周的服装发展已经上升到治国的高度，尤以周代为最。周代服装制度对后世具有示范性作用。夏商周时期，帝王举行祭礼时都穿冕服。这种象征统治者权力秩序的冕服制度，是维护统治的手段之一，使社会有了稳定的秩序，达到"垂衣裳而治天下"、天下太平的目的。周代的冕服制度渐趋完善成熟，并把冕服制度纳入了"礼治"范围。周代服装的生产与管理也做到了定编制、定职责、定款式、定标准。

春秋战国时期是我国历史上从奴隶社会向封建社会转变的时期，社会经济形态的变化推动了社会生产力的发展，纺织生产也得到了极大的进步。

（二）夏商周时期服饰发展的影响因素

1. 社会经济的影响

服饰与时代的政治、经济密切相关。夏、商、西周三代是中华文明的开端时期。原始社会后期生产力的发展，引发了政治、经济、文化等领域的一系列变化。夏代是奴隶社会的开端，商代是奴隶社会的发展，西周是奴隶社会的高峰，春秋战国时期是奴隶社会的瓦解阶段。

夏代是一个奴隶制王朝，其政治体制是奴隶制，奴隶主占有全部的土地，并且拥有大量的奴隶。奴隶作为奴隶主的私有财产而存在，是当时经济发展的主要贡献者。由于奴隶的不断耕作，经济得到了很大的发展。"五谷"的种植说明了农业品种的增多。由于农业发展的需要，出现了目前所知最早的历法，即后人整理编著的《夏小正》。

夏、商、西周三代以青铜铸造为代表，商、西周是青铜制造的繁盛时代，青铜铸造成了当时最主要的手工业部门，出土了大量的青铜器，因此，这三代称为青铜时代。以玉器加工、纺织、陶瓷、漆器制作为主的手工业也得到了快速发展。玉器雕刻精美，数量多，安阳妇好墓出土700多件，造型之华美，令人叹为观止。

纺织业因蚕业的发展而突出，甲骨文和《诗经》中记载了这一时期蚕丝、酿酒等相关内容。从夏朝起王宫里就设有从事蚕事劳动的女奴。商代王室设有典管蚕事的女官，叫女蚕。到了西周，王宫府里设有庞大的服装生产与管理机构，叫"典妇坊"，典妇与王公、士大夫、百工、商旅、农夫合称"国之六职"。西周时期原始纺织品种比较丰富，有了平纹、斜纹的提花织物，出现了绣、绘纹样。手工业多、分工细、产品精是商周手工业的特点，说明从夏代开始到西周的经济体制已经十分完善了。经济的发展有助于纺织服装手工业进一步向前发展。

2. 政治方针的影响

《尚书·禹贡》中，"天下"分为九州，而中华文化中心所在的黄河中下游地区称为"中国"。这时的"中国"不同于现在的国家概念，只跟所处位置有关，中国以外称为四夷（东夷、南蛮、西戎、北狄）。所谓"华夷之分"，华为内，夷为外；华居中，夷居四角。《左传·定公十年》曰："中国有礼仪之大，故称夏；有服章之美，谓之华。""华"是指中原以农耕为主的文明区域，较"夷"繁华、兴旺；而"夷"是指以采集、游牧为主的野蛮区域。中原民族地处东亚大陆，有辽阔的疆域和丰富的物产，有着自我生存、自我发展的良好条件。在远古生产力水平低下，交通极不发达的状态下，因西面高山、北面大漠、南面大江和原始森林、东临大海的自然屏障，文化的独立性、连续性得到了优厚的外部条件支持。随着人类战胜自然能力的提高、交通的开拓和民族的大迁徙、大征服，古中国王朝夏、商、周相继建立。

夏王朝的建立，是不同民族、不同部落联盟共同努力治理水患与发展农业的结果。之后是东北面的商族（一个善于放牧的民族）崛起，成为各族的盟主。商朝是一个王权与神权合一的王朝。周朝则是一个在黄土地上崛起的民族，通过联络各民族的力量而取得政权。在掌握政权之初，摆在周朝统治者面前的首要问题是巩固政权和建立新秩序，这一方面必须对当时存在的各种社会制度做出决策；另一方面必须对参加革命的功臣、倒戈的奴隶做必要的安排。在种种复杂的情势下，周朝新政权采取了"封诸侯"的方针，但这种方针潜藏着各诸侯权力膨胀的弊端。为了主权的稳定，周公制礼。周公制礼的主要内容是：忠（等级从属）、孝（奉养顺从）、悌（长幼有序）、信（约束各领主、诸侯遵守盟约，不能破坏疆界）等伦理信条，并以此作为全社会的道德标准与做人的准则，支配着人们的生活方式。这种以伦理信条为前提的等级制的建立，上下尊卑的区分非常明确。与此同时，适应于社会生活的各种礼仪也随之产生，以维系政权、安定社会。根据《周礼》等书的记载，当时把礼划分为吉礼、凶礼、军礼、宾礼及嘉礼等五大类，俗称"五礼"。

所谓吉礼，是指祭祀的典礼，诸如对天地、日、月、星辰、五岳、山林及四方百物等的祀典，都属于吉礼。凶礼是指丧葬之礼，帝王、诸侯的丧葬及对天灾人祸的哀吊都属于凶礼。军礼则是在军事、军旅等场合(如田猎、校阅、搜狩、出师等)所行之礼。宾礼一般施行于诸侯对王朝的朝见、各诸侯之间的聘问及会盟等场合。嘉礼的内容比较复杂，凡婚礼、冠礼、飨宴、立储等都属嘉礼。

在社会生活中，礼的意识逐渐被强化，并把服饰列入"礼"的内容，出现了所谓的冠服制度，服装的生产、管理、分配、使用都受到重视。

冠服制度在夏商周时期得到初步确立，这是中国服装史的奠基阶段。统治者以严格的等级服装来显示自己的尊贵和威严，冠服制度已成为体现统治阶级意志，分别等级、尊卑的工具。冠服制度进一步纳入"礼治"范围，在满足物质的着衣基础上，逐渐成为礼仪的主要表现形式。例如，祭天地、宗庙，有祭祀之服；朝会之时有朝服；从戎有军服；婚姻嫁娶有婚服；服丧之时有凶服等。按照不同的礼仪需要，各色人都可以找到符合自己身份的服饰。从出土文物和各种文献资料看，中国的服饰制度在周代已经基本完备。上自天子，下至庶民，虽有高卑之别，但在进行各项礼仪活动时都有应着的服饰。服饰从属于礼制的需要，成为礼的载体，表达着不同的身份、不同的秩序、不同的威仪。

3. 意识形态的影响

夏商时期，受神权天授思想的影响，鬼神观念十分强烈。夏商时代是个神灵万能的时代，当时社会上文化知识水平较高的人是巫师与吏。国家的政治和统治者借用巫和吏代表鬼神发言，夏商的鬼神观念是原始图腾观念的转化形式。人们通过频繁的占卜来寻求预知和保佑，各种礼仪名目也随之日渐繁多起来。服装超出实用功能之上的审美追求表现得十分强烈，但缺乏统一的标准，显得没有规律，服装造型和装饰被夸张到了荒诞的程度。夏、商、西周三代的意识形态有两大构成要素，一是神权思想，二是礼制思想。神权思想把权力说成是神所授予，把体现统治者意志的法律说成是神意的体现。如"君受命于天""有夏服天命""有殷受天命""先王有服，恪谨天命""丕显文王，受天有大命"等言论。神权思想形成于夏商，发展在西周。君权神授的思想也成为秦、汉以后中国古代社会正统意识形态的基础。

西周后期，哲学思想动摇着"天命"的神学思想，人们逐渐意识到自身的重要性，并形成了一整套严明繁杂的"礼乐制度"。西周的礼制思想塑造了社会等级秩序，并用"礼"来维系。礼制的意识形态也反映在服饰观念上。例如，服饰穿着要体现"爵位等级"，在服饰、器物、宫室、车马等的使用上，要按照严格地等级制度来进行。西周的礼制思维导致服饰成为区分贵贱尊卑的重要标志。冕服制度逐渐完善与加强，冕服由玄色上衣、朱色下裳（上下绘有章纹）以及蔽膝、佩绶、赤舃等共同组成一套完整的服饰。这种服制始于周代，后历经汉、唐、宋、元诸代，一直延续到清代。

三、春秋战国时期的社会文化背景

（一）春秋战国时期的社会文化概述

公元前771年至公元前476年之间的时期称为"春秋"时代，将公元前475年各诸侯国连年发生战争至秦始皇统一中国之间的时期称为"战国"时代。

从公元前9世纪到公元前8世纪，也就是距今大约2800多年前，基本安定的社会秩序被打破，周王室走向衰落。公元前770年，周平王被迫东迁，这不仅标志着周天子权威的失落，而且意味着中国历史从此进入了诸侯纷争、列国争雄的春秋战国时代，正如史书所载，此时"争地以战，杀人盈野；争城以战，杀人盈城"。面对这一现状，人们不得不重新思索究竟如何才能使普遍混乱的社会从无序走向有序。在这动荡的时代里，各民族文化经过长期冲突与融合，出现了学派林立、诸家竞起的百家争鸣局面。

春秋战国时期发生了我国服装变革的第一个浪潮。东周时期由于铁工具的普遍使用，原本依靠周王朝封地维持经济状况的小国，纷纷开荒拓地，发展粮食和桑、麻生产，国力骤然强盛，逐渐摆脱了对周王朝的依赖。随着周王朝衰微，以周天子为中心的"礼治"制度渐渐走向崩溃。奴隶社会政治体制亦随之解体，社会传统观念也随之改变，这些都在服装的装扮上有所反映，主要表现在深衣、胡服的流行，服装色彩观念改变，以稳重华贵的紫色象征权贵和富贵，取代先前的朱色为正色的传统。

春秋战国时期，随着政治体制的转变和新贵族的兴起，显示高贵身份的各种服饰越来越多。随着服装工艺技术的长足进步，服装纺织原料、染料和纺织品的流通领域不断扩大，人们普遍采用丝织品代替从前的麻布服装。其服饰品质精良，纹样和色彩极尽富丽华美，使具有传统优势的楚国始终居于领先地位。湖北江陵马山1号楚墓出土了大批丝织品与服装，这是中国纺织刺绣文物最丰富的一次发现。其中21件是刺绣品，服装有绣罗单衣、锦面棉衣、绢面夹衣、纱面棉袍、绣绢绔、绢裙等，花纹大致可分为几何纹、植物纹、动物纹和人物纹，其中龙、凤纹的图案最多，凤的形象最为奇特、华丽，表现出楚人对凤的喜爱。

（二）春秋战国时期服饰发展的影响因素

1. 百家争鸣的影响

春秋战国之交，中国的封建制度逐步取代了奴隶制度。在这段时期，政治、经济、思想文化等各个领域都发生了急剧的变化。周王室衰微导致诸侯群起争霸，各诸侯国之间的兼并此起彼落，连续不断。与这种政治风云相适应，各阶级、阶层和集团的代表人物都从本阶级的利益出发，提出了自己的政治主张和哲学理论。学者们周游列国，为诸侯出谋划策，各自著书立说，欲以改制救世。学者不止一人，流派不止一家，称之为"诸子百家"，他们相互探讨、相互论辩，在学术上形成了"百家争鸣"的局面。诸子百家以儒、墨、道、法、阴阳、名家等六家为代表，对人们的服装审美观念起到了引领的作用。

诸子百家所争论的问题，有天人关系、古今关系及礼仪法度等，讨论中虽然没有一部专门论述服装的书籍，但是不少论著中有大量篇幅涉及衣冠服饰制度和服装美学思想，这些思想对当时以及后世的衣着有着深远的影响。

这种哲学及美学领域中的思想斗争，一直延续到战国末期仍未止息。因为这些方面的原因，致使这个时期的服饰形制异彩纷呈，各诸侯国、各民族间的衣冠服饰都有一些明显不同。当时列国风俗，从发式到冠帽，从服装到佩饰，都有自己的特色。

（1）儒家思想对服装的影响

以孔子、孟子为代表的儒家思想提出了"博学于文（纹），约制于礼""宪章文武""文（纹）质彬彬"的理论，维护西周社会的等级制度，主张一切言行包括衣着装束都必须"约之以礼"。推崇人的文饰，认为"文采"是修身的首要。荀子他从封建制度的要求出发，提倡"冠弁衣裳，黼黻文章，雕琢刻镂，皆有等差"，把服装看成是"礼"的重要内容。

（2）墨家思想对服装的影响

以墨翟为代表的墨家思想提倡"节用""尚用""非礼"等思想，认为衣冠服饰及其他生活器具不应过分豪华，更不必拘泥于烦琐的等级制度。"食必常饱，然后求美；衣必常暖，然后求丽"这一思想否定了服饰的审美功能，反映了墨家学派对人们生活方式的态度。"以裘褐为衣，以跂蹻（草鞋）为服，日夜不休，以自苦为极"强调了不怕清苦、追求艰苦朴素的生活作风。

（3）道家思想对服装的影响

以老子、庄子为主要代表的道家思想提倡穿衣戴物要崇尚自然，并主张"清静无为""趋向自然，无为而治""被（披）褐怀玉"的境界。这种思想对后世的魏晋南北朝影响较大。

（4）法家思想对服装的影响

法家思想以商鞅、管子、韩非子为主要代表，在服装观念方面与儒家、道家、墨家颇有类似的地方。韩非子也有不少关于服饰思想方面的论著，他支持墨家的观点，提倡"崇尚自然，反对修饰"。又如《管子》中说"四维不张，国乃灭亡"，其中"四维"是指礼、义、廉、耻。简单来说，"礼"指文明礼貌，"义"指正义行为，"廉"指廉洁奉公精神，"耻"是指要有羞耻感。另外，法家还推崇"废私立公"的思想，这与我们现在所说的"大公无私"的公私观是一致的，它曾把我们民族的"利他"精神推到了最高位置，对当代及后世都有着十分积极的意义。

（5）阴阳家思想对服装的影响

以邹衍为代表的阴阳家思想提出了"阴阳五行说"。其中，对服装影响最大的是与之对应的五行之色，即白金、青木、水黑、火赤、土黄。将五色与中国传统文化的认知方式相结合，与五行相对应，构成了所谓"五方正色"的图示，将之生命道德联系在一起，如商以金德王、尚白色，周以火德王、尚红色，秦以水德王、尚黑色等。服装色彩也被作为政治理论的外在形态而被直接提出，用服装色彩来"别上下、明贵贱"，色彩成为阶级差别的标志象征，其中黄色成为皇帝的专用色和王权的象征。

2.战争的影响

战国时期邦国之间战事频繁，战争促进了汉族人宽衣长袍的服饰改革。最典型的实例就是赵国君主赵武灵王（赵雍），在任期间为了抵御北方胡人的侵略，顺应战事需要，强化军队建设，在公元前302年，在赵国管辖地区率先采用胡服作为戎装（军服），进行服饰改革。所谓"胡服"实指西北地区少数民族的服装，其形制多采用短上衣、长裤和革靴，衣身袖子紧窄，便于活动骑射（图2-15）。赵武灵王不顾大臣、皇亲国戚等传统势力的谴责，坚决废弃活动不便的传统宽衣大袖服装，果断地推行"胡服骑射"，使赵国军事力量逐渐强盛起来。之后赵国打败了胡人，灭掉了中山国，逐步统一了北方，使疆土得到扩展，最后成为"战国七雄"之一。随后胡服在中原各地广为流行，逐渐被广大汉族人所接受，一时相沿成风，形成了中国历史上第一次服装变革。服饰改革主要内容就是废弃汉人传统的上衣下裳形制，普遍穿靴，戴貂皮冠；使用带钩等，使中国服装基本形制在此期间逐步走向成熟。

由于古代服饰距今遥远，服装质料又不及陶、铜器久存不朽，因此，服装实物资料很少，只能从古代传说和出土器皿纹样等上面的装饰形象中获取大概的服饰资料。

图2-15 战国铜鉴上单额武士纹样中的服饰

衣 第二节
草裙与兽皮

一、草裙

中国文学中，楚辞风格是独特而又闪耀着异彩的。由于楚地山水润泽，巫风盛行，致使楚辞始终带着迷人的色彩。

《九歌》中有不少诗句描绘出源于古老传说的直接取自植物的衣裳。如少司命"荷衣兮蕙带，倏而来兮忽而逝"，湘君"薜荔拍兮蕙绸，荪桡兮兰旌"，山鬼"被薜荔兮带女萝""被石兰兮带杜蘅"等着装效果，清楚地点明了远古时曾有直接以植物为服饰的景象（图2-16）。

图2-16 屈原《九歌·山鬼》中的草裙形象

二、兽皮

兽皮披是狩猎经济的产物。在历史学研究中，认为狩猎经济与采集经济基本上是同时的。但是，无论是以从猿至人的发展走向看，还是从两种经济的手段难易程度看，狩猎经济只会晚于采集经济。猿是以植物果实为基本食粮的，并且采集又比狩猎轻松，冒险程度低。因而，人类在童年时期先从事采集，而后才以狩猎来补充采集的不足。最早的兽皮披是什么样子？在考古工作中也难以见到它的实物遗存。因为这至迟是万年前旧石器时代的事。于中国西汉成书的《礼记》中载"东方曰'夷'，被发文身；南方曰'蛮'，雕题交趾；西方曰'戎'，被发衣皮；北方曰'狄'，衣羽毛，穴居"。虽然这是中原人以自己的口气去描述边远民族，但是它仍为我们勾勒出人类在文明时期到来以前走过的一段服饰历程。

试想，骨针发明以前，人类有可能已经开始穿着兽皮，只是它还仅限于披挂或绑扎，仅限于兽皮的简单裁割，而不能称其为披或是坎肩等。也就是说，还不能将其列入服装的正规款式之中。从骨针的尺寸、针孔的大小以及骨针的造型，诸如细长、尖锐等特点来看，这个时期的服装质料主要是兽皮。因为花草树叶不用缝制，而经由纤维纺织成的织物，又应该出现更短、更细的缝衣针。况且，在骨针出土的遗址中，尚未发现同时的纺轮、骨梭等物，说明没有进化到纺织阶段。或许就在那数以万计的动物遗骸坑和遍及世界的旧石器时代遗址动物骨骼出土物之中，曾经诞生过兽皮披。人们将赤鹿、斑鹿、野牛、羚羊、兔、狐狸、獾、熊、虎、豹，甚至大象和犀牛砍杀后，先是将其皮用石刀剥取下来，然后再去切割里面的肉，或生吞，或火烤。果腹之后，将兽皮上的血渍用河水冲刷掉，然后按需要的形状用石刀裁开，再将这些兽皮片用骨针穿着兽筋或皮条缝制起来(现代的爱斯基摩人就是以动物的筋腱为线，以缝制皮衣)。原始的有意味的服装形式，很可能就诞生在这水塘边。

将服装史上这一阶段的典型服装，称为兽皮披，而未称为兽皮装的原因，在于披(简单裹住身体躯干部位)是原始人最普遍的服装款式，无论从服装起源的哪一种论点说起，人们都认为裹住躯干部位是首要的。与此同时，大量佩戴野兽的角、牙，成为同一时代风格的衣与饰的巧妙组合（图2-17）。

图2-17 兽皮衣

衣 第三节
早期织物与配饰加工

一、石器时代的纺织工具

随着新石器时代农业的发展和手工技艺的提高，原始纺织技术得到了发展。经过提取、绩、纺以后，纤维成为织造衣物的主要材料。早期纺织工具主要有纺轮、纺锤、纺坠和原始腰机。

（一）纺轮

纺轮主要是由陶质、石质制成的圆饼状，直径5厘米左右，厚1厘米，也叫"纺专""专盘"，中间有一个孔，可插一根杆。纺纱时，先把要纺的麻或其他纤维捻一段缠在专杆上，然后垂下，一手提杆，一手转动圆盘，向左或向右旋转，并不断添加纤维，就可促使纤维牵伸和加拈。待纺到一定长度，就把已纺的纱缠绕到专杆上。然后重复再纺，一直到纺专上绕满纱为止，利用纺轮的旋转把纤维拧在一起，并用同样的方法把单股的纤维合成多股的更结实的"线"，要纺的纱线原料一端在纺杆上，搓捻纺杆，纱线就源源不断地纺出，并缠于纺杆上。纺轮是我国古代发明的最早的捻线工具，是纺车发明前人类最重要的纺纱工具。从全国大量出土的纺轮来看，新石器时期人们喜欢在纺轮上纹饰图案，主要有同心圆、漩涡、对顶三角、平行直线、短弧线、卵点纹等（图2-18）。

图2-18 新石器时代的纺轮

（二）纺锤

纺轮是纺锤的主要部件。在纺轮中心小孔中插一根两头尖的木制直杆，即是纺锤。纺锤是纺轮与直杆结合后的产物。纺锤也称"专杆"，将野生麻等剥出的一层层纤维连续不断地添续到正在转动的纺锤上，一根根植物纤维纱条便产生了，这种纱条合并捻制成的线可以编织渔网、套索、篮子、系罐、制衣乃至建房。纺锤是纺织手工业发展到一定阶段的产物（图2-19）。

（三）纺坠

纺坠是纺锤的发展形式。早期的纺锤比较厚重，适合纺粗的纱线，新石器时代晚期纺轮变得轻薄而精细，可以纺更纤细的纱。纺坠的形状也由单一的圆形变为多种形状，如圆形、齿轮形、球形、锥形、台形、蘑菇形和四边形等。纺坠的出现不仅改变了原始社会的纺织生产，对后世纺纱工具的发展也具有十分深远的影响。

图2-19 新石器时代的纺锤

(四)原始腰机

原始腰机是世界上最古老、构造最简单的织机之一,早在新石器中晚期已出现。浙江河姆渡遗址、良渚文化遗址、江西贵溪春秋战国墓群中都出土了一些腰机的零部件,如打纬刀、分经棍、综杆等。陕西西安半坡遗址出土了许多纺线用的陶纺轮,用陶纺轮纺好一定量的线后即可织布。当时人们织布使用的工具是水平式踞织机,又称"原始腰机",原始腰机工作时要"席地而坐""挂腰足蹬",没有机架、卷布轴的一端系于腰间,双足蹬住另一端的经轴并张紧织物,用分经棍将经纱按奇偶数分成两层,用提综杆提起经纱形成梭口,以骨针引纬,用打纬刀打纬。腰机织造最重要的成就是采用了提综杆、分经棍和打纬刀,在云南石寨山遗址出土的汉代铜制储备器的盖子上有一组纺织铸像,生动地再现了当时的人们使用腰机织布的场景。腰机的造型及工作原理如图2-20和图2-21所示。

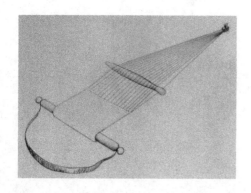

图2-20 腰机造型

图2-21 腰机的工作原理

二、石器时代的织物和饰品

新石器时代的主要衣料有麻布、葛布、蚕丝及毛织品。纺织品已出现了平纹、斜纹、绞扭、缠绕等技术。在出土的实物中有些带着红色的印痕，可能是当时的人们利用赤铁矿染出来的色彩。

（一）麻布

麻布是我国新石器时代重要的衣料，已发现的有大麻、苘麻和苎麻。浙江余姚河姆渡新石器时代遗址（距今约7000年前）出土了苘麻的双股麻线和三股草绳，在出土的牙雕盅上刻画着4条蚕纹，同时出土了纺车和纺机零件。新石器时代钱山漾类型的良渚文化麻布片，经纺织科学研究所鉴定，为苎麻织物，其密度与经纬捻回方向互不相同，有些为S形，有些为Z形，均为平纹织物，与现代的细麻布相类似。另外，在出土的新石器时期的彩陶中，有部分遗留下来的麻布印痕，如西安半坡遗址出土的陶钵底部就有布纹印痕，应该是制陶时把未干陶坯放在麻布上的衬垫所致，布纹纹理粗细不均，反映出当时纺线、织布的水平较为低下。

（二）葛布

葛是一种植物，纤维可以织布。江苏苏州草鞋山遗址（距今约6000年前）出土了编织的双股经线的葛布，经线密度为10根/厘米，纬线密度底部为13～14根/厘米，纹部为26～28根/厘米，是迄今发现的最早的葛纤维纺织品。

（三）丝织品

中国是蚕桑丝绸的发源地，除了丝线、绢布等丝织品外，出土的遗迹中还有石蚕、陶蚕蛹、刻有蚕纹的骨器等，更难能可贵的是在山西曾发现一个半切割的蚕茧，距今约有5000多年。石蚕、陶蚕蛹等物是原始社会对蚕产生的巫术崇拜，到了后来历代都有王宫祭祀蚕神的风俗。1981年河南郑州青台遗址（距今约5500年）发现了黏附在红陶片上的苎麻和大麻布纹、黏在头盖骨上的丝帛和残片，以及10余枚红陶纺轮，这是迄今发现最早的丝织品实物。2005年第三次发掘浙江湖州钱山漾下层的良渚文化遗址，出土了丝帛残片，距今已有4700多年，属于新石器晚期。丝帛的经纬密度各为48根/厘米，丝带宽5毫米，用16根粗细丝线交编而成；丝绳的投影宽度约为3毫米，用3根丝束合股加拈而成，拈度为35个/10厘米。这表明当时的缫丝、合股、加拈等丝织技术已有一定的水平。

（四）毛织品

新疆哈密五堡遗址出土了精美的毛织品（距今3500年前），组织有平纹和斜纹两种，而且用有色线织成了彩色条纹，说明毛纺织技术在当时也已有进一步发展。福建崇安武夷山船棺（距今3200年）内出土了青灰色棉（联核木棉）布，经纬密度各为14根/厘米，经纬纱的拈向均为s形，同时还出土了丝麻织品。以麻、葛、丝、毛等天然纤维为原料的纺织品实物的大量出土，表明了中国在新石器时代纺织工艺技术已经相当先进。

总之，骨针的应用，麻、丝、毛织物的大量生产和使用，以及染色工艺的具备，改变了服饰的穿着方法和制作方法，而面料、质地、色泽、图案这四大方面的改进和提高，使原始的服装逐步发展。

三、石器时代的配饰

工具的进步使玉、石、骨、角类饰品的制作工艺得到提升，服饰成为展示美的主要表现手段。至此，我国服饰具备了现代服饰的全部要素与表现方法。织物装时期的佩饰品，已经显露出人为加工的积极迹象。

1966年，在中国北京门头沟东胡林村，发现了新石器时代早期的墓葬。在一个少女遗骸的颈部，有50多颗小螺壳制成的项链，在腕部也发现了用牛肋骨制的骨镯。另外，山东大汶口出土的骨笄和骨坠，制作都很精巧。笄是盘发后用以固定的饰物，后来发展为簪子。骨坠常和石珠、玉珠一起穿成链式串珠，这很显然是身上佩戴用的饰件。

除了骨笄以外，中国新石器时代遗址中还曾出土绿松石笄和蚌笄。同时期的耳饰，更是五花八门，最为广泛使用的就是玉石或玛瑙做成的块。

在这些项饰、耳饰等佩饰品上，能够清楚地看到，与旧石器时代相比，新石器时代佩饰加工工艺水平已经有了显著的提高。最显著的区别在于后者在天然材质上留下了较多人为加工的痕迹（图2-22、图2-23）。

图2-22 良渚文化王冠饰

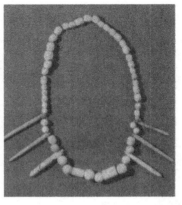

图2-23 良渚文化串饰

　　我们的祖先从裸体到简单地系兽皮、披树叶，遮体御寒，发展到利用植物表皮纤维编织网衣，继而发展为用手搓捻细葛、麻纤维后编成衣物，最后终于创造出了用纺轮纺纱、用纱或蚕丝在原始的织机上织布织帛的方法，并利用矿物、植物颜料加以染色。人类服饰发展的帷幕由此拉开，人类心理需要和审美意识与精神意识的表现，加之新的生活方式的需要，促使着服饰形制与装饰手法在不影响其功能的基础上不断地演变着。

表2-1 中国新石器时代各文化遗址服饰现象

时间	文化	分布地带	服饰现象
前6000-前5600年	磁山文化	河北地区	纺轮
前6000-前5600年	河姆渡文化	宁绍平原	木制织机部件 刻有蚕纹的象牙盅 江苏吴县草鞋山发现的葛质罗纹残片
前5000-前3300年	仰韶文化	关中、晋南、豫西为中心	西安半坡、临潼姜寨人面纹彩陶盆 甘肃秦安县大地湾人头形器口彩陶瓶 底部印有麻织品痕迹的陶器半割的蚕茧
前4800-前2900年	中晚期大汶口文化	山东地区	头面饰品（且有头饰的墓主多陪葬纺轮）
前3500年左右	红山文化	北界越过西拉木伦河，东界达下辽河西岸，南界东段达渤海沿岸，西段抵华北平原	裸形着靴少女红陶雕塑（头、右足残缺） 塑陶衣饰残片 玉饰

时间	文化	分布地带	服饰现象
前3300-前2000年	马家窑文化	陇西平原为中心	陶塑彩绘人头器盖 舞蹈纹彩盆
前3300-前2300年	良渚文化	太湖流域	苎麻平纹织物 丝线、丝带、绢绸残片玉饰

衣 第四节
衣冠款式的初成

一、夏代上衣下裳制度的形成

在我国传说时代，应该已经有了衣服。古籍《易·系辞》记载："黄帝、尧、舜垂衣裳而天下治，盖取诸乾坤。"《世本》记载："伯余制衣裳"，"胡曹作衣"。但这些记载十分含混，如果说黄帝时代已确定服饰形制，这是不可能的，因为当时属于仰韶文化时期，即原始社会，人们刚刚摆脱兽皮裹身状态，原始纺织刚刚起步，建立服饰制度的设想只能是后人的一种假托。

在四五千年前我们的先民已初具以后的服饰形态，大致亦可肯定。服饰的形、色总是由简陋向高级渐进发展的。《五经要义》云："太古之时，未有布帛，食兽肉而衣其皮，先知蔽前，后知蔽后。"上身披的兽皮即衣，下体先是前后用兽皮遮掩，后来把前后加以连缀缝合便形成下裳，按《说文解字》的解释，"裳"为"下裙也"，意为保护下体。刘熙《释名》说："裳，障也，所以自障蔽也。"

以后由织物替代兽皮即是上衣下裳，这种上衣下裳的制度日后成为我国衣裳制度的基本形式之一。

也许可以说，上衣下裳成为我国最早也是最基本的服装形制，大致成形于历史上的夏朝。公元前21世纪至公元前16世纪的夏朝是原始公社逐渐瓦解并步入奴隶社会的时期，但夏朝给我们留下的遗迹甚微，迄今只有些传说和假设的遗迹。因此，夏代的服饰形制几乎没有任何有力的实证，我们只能从仰韶之后、殷商之前的文化层中去发现、去猜度。约四五千年前的龙山文化曾发现丰富的石器、陶器、骨器等，从龙山文化遗物推测当时农业、畜牧业、制陶业、纺织业都有长足的发展。如山东城子崖遗物中有骨梭和陶制纺轮，还有陶笄和骨簪，和早期龙山文化大体相当的大汶口文化出土有骨梳、象牙梳，以及坠、管、蚌珠、兽牙的项链、指环，陶、石制的手镯等，从这些丰富的首服以及商朝早期已具备较完备的服饰情况来看，是不能不肯定夏朝已有初步的服饰形制。距今4700年前的钱山漾出土的丝织品，标志了我国服饰技术水平的高度。以后的甲骨文中已有桑、蚕、衣、帛等字样，同样证明夏朝服饰已初具水平，基本确立了最初的上衣下裳形制（图2-24）。

图2-24 钱山漾出土的丝织品

二、商代服饰

禹将领导权交给其子启后，禅让制改成了世袭制，传至夏桀被商汤所灭。从公元前1600年至公元前1046年，商代经历了31个王，近600的时间。商代曾五次迁都，在其中的一个都城——河南安阳殷墟，出土了大量的商代器物。在殷墟甲骨文中有蚕和桑的符号。

商代社会政治制度逐步完备，分封制、世袭制和等级制都已初步确立，祭祀服饰、器物，宫室、车马的使用上都有各自的规定。《商书·太甲》载："伊尹以冕服奉嗣王归于亳。"又云："殷礼不知天子有几种冕。"可见殷商时期已有冕服等阶级等别的服饰。

此时服饰的确切形式和等级差别，缺乏较多实物史料来佐证，除了从出土的丝织品残片、甲骨文以及陶俑玉人等可以窥见这个时期的大致风貌外，对其确切的服装形制我们基本还是知之甚微。在商王武丁妻妇好墓出土了很多文物。

（一）上衣下裳

商代服饰已经是身份等级的标志。虽然商代出土的人物图像资料有限，不过其服饰的大致形制还是可以看清的，从安阳殷墟出土的石俑、玉俑可以看出，当时服饰已具上衣下裳的形制（图2-25），这种上衣下裳的着衣方式在后来各朝代祭服或朝服中保留。

上衣，多为交领右衽，腰系带。下裳，保护下体的衣服，裙之意。殷商时的甲骨文、金文的衣字亦为交领右衽的上衣形象。华夏文化圈周围的夷狄则是左衽。《论语·宪问》中"微管仲，吾其披发左衽矣"，即以"披发左衽"表示对"夷狄"的鄙视。

商代中上层贵族间流行窄长袖花短衣，中下层社会间则为窄长袖素长衣。商代服饰的很多特征已经与后世服饰相似，如上衣下裳，贵族用的蔽膝等，都被后世沿用。秦汉以后上衣下裳以衣裙、衣裤等两类套装交相赓续，前者以襦裙为典型，后者以裤褶为代表。四川广汉三星堆发现的青铜人像（图2-26），头上着冠，窄袖长衣，外加短袖开衩齐膝衣，结合诸多文物看，商代人可能已穿裤子。

图2-25 商代上衣下裳　　　　　　图2-26 三星堆青铜立人

蔽膝的来源现在已经无法考证，猜测其实为围裙，只不过加工得精美，后被赋予了政治意义，作为身份符号。古代奴隶社会都把身前这种东西象征权威，并用不同质料、色泽花纹分别个人的等级。蔽膝又称绂、袆等，即遮盖大腿至膝盖的服饰，形式围裙而狭长，下成斧形。用皮革制作，涂朱色或者彩绘的蔽膝称为"韦韠"，丝绸制作，刺绣或绘制纹样的蔽膝称为"黻"。从商代雕像上看，蔽膝下端是展开的弧形，后世的蔽膝多是长方形，并在以后的很多朝代成为朝服的一部分。

殷墟妇好墓出图的文物其中有一件跪坐玉人，大致可以看出当时的服饰形象。玉人头戴前卷形平顶冠饰，窄袖上衣，交领，腰间束宽带，下裳，腰间有蔽膝垂下。蔽膝是贵族才能穿着的服饰（图2-27）。

上衣下裳在商周之后成为中国服装的基本形制之一。上衣在商代通常为窄袖短身，周代出现长大宽博样式。

图2-27 商代玉人

（二）发式、冠帽

由商代墓葬中挖掘出的陶俑、玉人造型可以判断，商代男子多梳辫，式样有将头发至顶成辫后将辫垂于脑后的，有辫发后盘头，也有左右梳辫垂至肩头的（图2-28、图2-29）。商俑普遍戴冠，冠帽则有尖顶帽和平顶帽，尖顶帽尖顶倾向前额，商代巾帽多为帽箍式，其与原始社会后期的束发器近似。平顶帽和帽箍形式相去不远，无论发式还是帽形都和周朝束发戴冠的做法大相径庭。

女子则多为长发上拢成髻，或卷发齐肩。成年女子加簪梳髻时在髻上横贯一枝15～16厘米长骨簪，或用象牙美玉做成双笄，顶端雕刻鸳鸯或凤凰为饰，两两相对插在头上，颈上挂一串杂色闪光玉石珠管项链。商代的头饰除插笄、簪外，还有珠玉镶嵌于冠。复杂的有雕玉冠饰、绿松石嵌砌冠饰等。

兜鍪又称"胄""首铠""头鍪",为古代打仗时将士所戴的头盔。有用小块铁片编缀成一顶圆帽的;有用青铜浇铸成各种兽面形状的;有的在铜盔顶端竖起一根铜管,用来插鹖尾、鸟翎等饰物。鹖是一种野鸡,此鸡尾巴非常好看,凶猛好斗,至死方休,古时武士皆戴鹖冠,以示勇猛。这种铜盔的表面,大多打磨得比较光滑,而里面却粗糙高低不平,由此推断,当时戴这种盔帽的武士,头部要裹头巾。在古代战场上,士兵见上级时要"免胄",否则,会被视为不敬。至今我们还保留在重要以及严肃的场合,脱帽以示敬重的习俗。图2-30为兽面纹胄,商墓出土,江西省博物馆藏。

图2-28 商代冠帽

图2-29 商代发式

图2-30 商代兜鍪

（三）衣料

商代的服饰等级还反映在面料上，贵族服饰在面料和配饰上都与一般平民有着显著区别。据考，商代服饰衣料主要是皮、丝、麻。由于纺织技术的进展，丝麻织物已经占有重要地位。商代人已能织造特别薄的精细绸子和提花几何纹的锦、绮。奴隶主贵族平时穿色彩华丽的丝绸衣服。

安阳出土发现了世界最早织花丝绸的痕迹，是留在一把戈上的织物纹理。殷墟妇好墓出土的丝织品至少有平纹绢类、平纹丝类织物、单经双纬组织之缣、双经双纬绢绸、斜纹组织的由经线显菱形花纹的纹绮、纱罗组织大孔罗等六种，其中的大孔罗是迄今为止我国出现最早的机织罗。

衣料用色厚重，除使用丹砂等矿物颜料外，许多野生植物如槐花、栀子、栎斗和种植的蓝、茜草、紫草等也已经用作染料，为服饰材料和纹饰提供了物质资料。

（四）鞋履

商代人已经开始穿鞋子，当时称为屦。《诗·魏风·葛屦》有："纠纠葛屦，可以履霜。"段玉裁注引晋蔡谟说 "今时所谓履者，自汉以前皆名屦"。汉代以后称为履，并成为服饰等级标志之一。《释名·释衣服》："履，礼也，饰足所以为礼也。"鞋在古代的称谓并不只以上几种，还有"靴""屐"等等。山西曾出土商代铜质的鞋。今天推测，商代的下层人民多是光脚，屦是中上阶层使用的。

（五）配饰

殷墟妇好墓出土了大量佩带玉饰。文献记载称夏启"左手操翳，右手操环，佩玉璜"。佩玉在商代已经成为一种时尚。玉器在商代社会为中上层所专有（图2-31）。

图2-31 商代鸟形玉佩

第五节 衣
周代服饰的定制

西周时期"等级制度"已经逐步确立，中国衣冠制度大致形成。所谓"贵贱有等，衣服有别，上有夫子卿士，下及庶民百姓，服饰各有等差"。周王朝以"德""礼"治天下，这一思想在以后的儒家思想的仁、义、礼、智、信理论中得到了进一步的完善和系统化，几乎为我国封建社会历代所效法。"礼"是外表仪式和伦理行为的规范，如服饰上"德"的象征是佩玉。礼的推行使服饰从造型、色彩、纹饰等方面提醒人们的等级身份和礼仪行为。

图2-32 西周贵族佩带的玉串饰

周代哲学思想在此阶段也强有力地动摇着"天命"的神学思想，人们逐渐意识到自身的重要性，对人的重视最终归于对头的重视，视头为人格、尊严、权力的象征，这使周代的首服与服饰都有所改变，各种规章制度随之产生。在衣冠服饰方面，也根据这种需要而出现各种规范的礼服。

一般而言，西周的服饰形制不外乎是上衣下裳和深衣。这两种形制在西周和东周时已发展得比较完善。

图2-33
西周中期身着礼服的持环铜人

上衣下裳制是继承了商代以来的形制，大约到春秋战国时期，出现上衣下裳连成一体的"深衣"（图2-32、图2-33）。

一、上衣下裳

（一）冕服

1.冕服制度

冕服为周代礼服，是皇室、臣子们祭祀天地、祖先、神灵时所穿的，它的雏形原始社会后期就有了，进入阶级社会以后，冕服日趋完善，成为周代最具特色的服饰。冕服主要由冕冠、上衣、下裳、舄（鞋）及蔽膝、绶、佩等其他配件构成。冕服在冕服制度中属于最高等级。先秦时期冕服是天子、诸侯、大夫上朝或参加重大活动时穿的礼服，从首服到衣裳佩饰，都根据活动内容和官职的不同而做出相应的规定，不得僭越。

冕服制度是指进入阶级社会后，用衣冠服饰区别人们贵贱等级身份的服装制度。通过对历史文献记载及出土文物的分析可得出结论：中国的冕服制度初步建立于夏代，后经过商代，到了西周时期已经发展成熟。《论语·泰伯篇第八》中子说："禹，吾无间然矣。菲饮食而致孝乎鬼神，恶衣服而致美乎黻冕。"这是说夏禹平时生活节俭，但在祭祀时则穿华美的礼服，以表示对神的崇敬，由此可见，在夏商时期冕服就已经存在了。孔子曾说："夏礼……殷礼……文献不足故也。"这说明夏商两代的礼制文献并没有保存下来，只有周代冕服制度被完整地保留下来并传给后世。关于周代的冠服制度、服装礼仪在周代的《仪礼》《周礼》《礼记》"三礼"书中都有明确的记载。冕服制度是封建社会权力等级的象征，具有较强的保守性和封闭性。

周代是我国历史上奴隶社会的全盛时期，在此期间，包括纺织业在内的社会经济得到了空前的发展，为服饰的发展进步奠定了基础。正是在这一基础上，周代的服饰艺术和服饰水平都有了长足的发展，建立起了规范化的服饰制度，任何人都必须遵守。同时，还专门设立了掌管服饰的官职，为帝王、王后的衣着穿戴服务。

冕服制度从西周开始已定型和确立，并形成制度，有严格的等级区分。《周礼》规定：举行祭扫大典时，帝王和百官都必须身着冕服。冕服是由冕冠、玄衣、纁裳等组成。按规定凡戴冕冠者，必须身着冕服，冕服的质地、颜色和图案不同，官职等级就不同。

十二宣纹制度在周代已经完备，根据服装用途，章纹图案依次递减。《周礼·春宫·司服》中记载，周代君王用于祭祀的礼服，开始采用"玄衣纁裳"，并绘绣有十二童纹，而公爵用九童，侯、伯用七章、五章，以示等级。

根据《周礼·春官》所记，周代天子冕服有六种：大裘冕、衮冕、鷩冕、毳冕、缔冕、玄冕。其中，大裘冕是周王祭天所用，十二旒冕冠，玄衣纁裳。上衣绘绣曰、月、星辰、山、龙、华虫六章纹，下裳绣藻、火、粉米、宗彝、黼、黻六章纹，因此又称十二章服。衮冕为周王吉礼所用，配九旒冕冠，玄衣纁裳，衣绘龙、山、华虫、火、宗彝五章纹，裳绣藻、粉米、黼、黻四章，共九章纹样。鷩冕为周王祭先公、飨射所用，配七旒冕冠、玄衣纁裳，衣绘华虫、火、宗彝三宣纹，裳绣藻、粉米、黼、黻四章纹，共七章纹样。毳冕为王祀匹望、山川所用，配五旒冕冠、玄衣纁裳，衣绘宗彝、藻、粉米三章纹，裳绣黼、黻二章纹。缔冕为周王祭社稷、祭先王所用，配四旒冕冠、玄衣纁裳，衣绣粉米一章纹，裳绣黼、黻二章纹，共三章纹样。玄冕为王祭林泽百物、天子朝日时所用，配三旒冕冠、玄衣纁裳，衣无章纹，裳绣黻一章纹。

冕服的形制与制度对我国古代服装的发展有着深远的影响。冕服制度是建立在奴隶主利益基础上的，是夏商周奴隶主贵族身份的象征。冕服的等级制度森严，在不同的礼仪场合有不同的穿戴内容，冕服上的图案纹样内容的政治意义大于审美意义。冕服制度自西周以来已经完善，被历代封建帝王所传承。

在以后不同朝代都曾用冕服制度作为治理国家的重要手段，冕服虽各朝形制略有变化，但总体来看，前后大同小异。另外，历史上除中国外，冕服还在东亚地区的日本、朝鲜、越南等国出现，作为国君、储君等人的最高等级礼服。冕服形式在清朝建立后因服饰政策变更而随之终结，但冕服制度的基本特征并没有改变，反而有所加强，冕服上特有的显示阶级的章纹图案，通过变换形式而仍然被帝王、王后、高官的礼服与吉服所用。民国三年（1914年），北洋政府制定的"祭祀冠服"也将"章纹"施于服装中，作为区分等级的标志。直到新中国成立后，冕服制度才彻底消亡。

2.冕服的基本形制

冕服的基本形制包括冕冠、上衣、下裳、十二章纹、蔽膝、舄（鞋）和其他佩饰。

(1) 冕冠

冕冠亦称"旒冕"，俗称"平天冠"。按照古代规定，凡穿冕服者必须戴冕冠。据说这种冕冠在夏朝时就已出现，当时称"收"；商朝改称为"爵"；周朝则称"冕冠"，简称"冕"。冕冠在秦朝以前是指帝王及地位在大夫以上的官职所戴的礼帽，秦朝后专指帝王的皇冠，它是古代礼服形制的一部分，同时也是君权神授的象征。冕冠是由冕埏、冕旒、充耳等组成的。

冕埏是用宽8寸×长1尺6寸的长方形冕板，上用玄色(青黑色，象征天)、下用纁色(黄赤色，象征地)细布制成。冕板前圆后方，前高后低呈倾斜状，象征中国古人认为的天圆与地方(另一解释，冕板前低后高象征"天子"对百姓的关怀，体现出"冕"字的本意)。冕埏下面是冠。帽卷以木、竹丝做胎架.外裱黑纱，里衬红绢，左右两侧各开一个孔纽，用来穿插玉笄，使冕冠能与发髻相插结。

冕旒是冕埏前后垂的玉串。《礼记·玉藻》中记载："天子玉藻十有二旒，前后邃延，龙卷以祭。"这说明帝王的冕冠有玉藻十二旒，悬于延板前后。冕旒每旒长12寸，用五彩丝绳为藻，以藻穿玉，以玉饰藻，故称"玉藻"。间距1寸，一串玉珠即为一旒，有三旒、五旒、七旒、九旒及十二旒之别。服用时按级别而定，帝王冕冠前后各12疏，每串旒有12块五彩玉，后来玉藻也有用白珠来做成，共用玉288颗，象征岁流转，表示王者应不视非、不视邪。

充耳是冕冠两旁悬垂至耳边的饰物，也叫"黈纩"，是在两耳处各悬垂一颗蚕豆大小的珠玉，以提醒戴冠者应有所不闻，勿听信谗言。后世的"充耳不闻"一语，就是从这里衍生出来的。冕冠的形制世代相传承，到清朝时冕冠才结束使用。图2-34所示为汉代冕冠，因汉代冕服制度与周代冕服制度相差无几，因此本章所示冕服图例皆以汉代冕服图示。

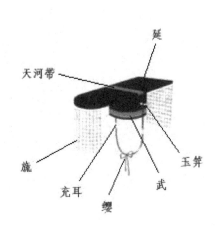

图2-34 冕冠

图2-35 冕服

（2）冕服

冕服（图2-35）的主体是玄衣、纁裳，玄即黑，以象征未明之天；纁即浅红色或浅黄色，以表示黄昏之地。上衣黑色，下裳黄红色象征天地的颜色，用玄色以喻天，黄色以喻地。天玄地黄，取天地之色服之。上衣下裳要绘绣章纹图案。衣裳之下衬以白纱中单，即白色的衬衣，下裙腰间有束带，带下垂以蔽膝，天子的蔽膝为朱色，诸侯为黄朱色。玄衣(上衣)绘有十二章纹。一般帝王在最隆重的场合穿十二章纹冕服，次之视礼节轻重而定。

蔽膝是佩挂在下裳腹前的一块长条布，是周代礼服的组成部分，成为贵族地位身份的象征。蔽膝用在冕服中称为芾，用在祭祀服中称韨、黻，用在其他服装上叫作袆裤或裤。《说文》："袆，蔽膝也。"《释名》："裤，蔽也，所以蔽膝前也……"蔽膝为俗称。蔽膝、芾、袆、裤、韨是同物而异名，用在不同场合叫法各异。蔽膝在先秦时是区别尊卑等级的标志，到秦代时废除，代以佩绶制度。

（3）十二章纹

十二章纹是绘、绣在冕服上的图案纹样，是夏、商、周及以后封建社会时期服饰等级的标志。十二章纹来自远古时代的传说，据说史前时代的虞舜就以十二章纹为衣饰图纹，说明远古至少在舜帝时代就起用十二章纹为服饰图案。此后经历代帝王沿袭下来，数千年不曾改变，说明这一系列图案具有独特的象征意义。

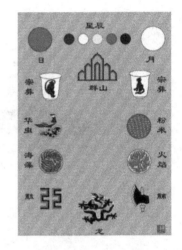

图2-36 十二章纹

十二章纹（图2-36）按照《周礼·春官·司服》的解释为：日月星辰，"取其明也"；山，"取其人所仰"；龙，"取其能变化"；华虫，"取其文理"；宗彝，取其忠孝，部分绘成虎与猿形，虎，"取其严猛"，猿，取其"智"；藻，取其洁净；火，取其光明；粉米，取其"养人"（滋养）；黼，取其"割断"（做事果断之意）；黻，取其"背恶向善"。

日：为红色圆形，内有三足鸟，象征君权上天阳德照耀，赐人间以光明，哺育万物生长。

月：为圆形，内有玉兔，象征上天赐人间以安宁。

星辰：星辰为勺状分布的三星，代表上天星辰，象征以天象昭示经纬、四季节令，使天下知春夏秋冬、天文地理、人道七政。

山：山为三峰开峙的峰峦，能兴风雨，象征阴阳交会、万物起源之地，具有崇高、持久、永恒的秉赋和稳重的性格，代表稳定昌明的仁政，象征帝王能治理四方水土。

龙：龙是一种神兽，变化无穷，上下无时，象征君王善于审时度势地处理国家大事和对人民的教诲。

华虫：华虫通常为一只雉鸡，寓意华丽多彩。野鸡善行走不能久飞，因此表现文气，取其"文采昭著"，象征王者有征文治教化之德。

宗彝：宗彝是古代祭祀的一种器物，通常杯中画两只动物：一只寓意威猛，绘百兽之王——虎；一只寓意智慧，绘灵长类动物之首——长尾猴，表示不忘祖先威猛智慧之德，以大智大勇保护宗庙社稷，转注为尽忠尽孝，表示人主智勇双全。

藻：藻为深水中的水草，质地洁净，生命力旺盛，象征王者有冰清玉洁的品格。

火：火为燃烧的火焰，象征百业兴旺，蒸蒸日上，象征帝王处理政务光明磊落，及火焰向上有率士群黎向归上命之意。

粉米：粉米就是白米，寓意民得丰衣足食、安居乐业，象征着皇帝给养人民、安邦治国、重视农桑，有济养众生之德。

黼：黼为斧头形状，象征施政明敏机智、果敢善断、雷厉风行，表示王者善于决断之意。

黻：黻为绣青与黑两弓相背之形，如繁体亚字，象征君臣离合及善恶相背的情状。代表着帝王能明辨是非、见恶改善的美德。由此可见，十二章纹的使用，不仅是帝王贵族操行的象征，更是统治阶级权威的标志。

总之，这一切都有规劝人君的含意在内。十二章纹本是等级的符号，在后来的演变中更加严格而严厉，图案几乎成为皇族的象征。

（4）舄

舄是一种木与皮的夹层双底，面为兽皮鞋。鞋底较厚，在隆重典礼时穿赤色舄，与下裳同色。舄成为古代冕服的重要组成部分（图2-37）。

（二）弁服

弁服是仅次于冕服的一种礼服，穿用场合较多。"冕服最尊贵，弁服仅次之。"弁服也是上下分离式套装，不同之处是冠下无垂珠(无旒)，服装上没有纹章图案。

周代弁服有四种：爵弁服、皮弁服、韦弁服、冠弁服。

1. 爵弁服

爵弁服是戴爵弁，穿玄衣纁裳。爵弁形制如冕，但没有前低之势，且无旒，在綖（覆盖在帽子上的装饰物）下做合手状，它是次于冕的一种首服，其色彩赤中带黑。戴爵弁时亦用笄贯于髻中。与其相搭配的是上身着纯衣(丝质)，下身着纁裳，颜色与冕服相同，不过不加章彩纹饰。前用韎韐（赤黄色的皮革，当作蔽膝）以代冕服的韍。爵弁服饰在古代是士助君祭祀的服饰，也是士的最高等级的服饰，亦可用作士的迎亲服（图2-38）。

图2-37 舃

图2-38 爵弁服

图2-39 皮弁服

图2-40 韦弁服

2.皮弁服

皮弁服是戴皮弁，穿白衣素裳。古代天子受诸侯朝觐于庙时，一般戴皮弁。其形制如两手相合状，白鹿皮质地，皮上有浅毛，白色中带些浅黄色。戴皮弁时则服细白布衣，下着素裳，裳有襞积（打折）在腰部，其前面也系素韠（蔽膝）。素是指白缯（缯，古代对丝织品的总称），无纹饰。除天子外，诸侯也可用作朝服，以五彩玉装饰多少来区别等级。皮弁服是一套级别低于爵弁服的白色首服，用于一般在朝场合（图2-39）。

3.韦弁服

韦弁服是戴韦弁，穿赤衣赤裳，多为兵士所穿的服装。"凡兵事韦弁服。"韦指棘韦，是一种染成赤色的熟皮，与韦弁相配的衣裳用同样的材质。弁、衣、裳的色彩均为赤黄色。如不是兵事用，衣则为鞸，下裳着素色（图2-40）。

4.冠弁服

冠弁服是戴冠弁，甸即田猎，古代以田猎习兵事，冠弁即古代的委貌冠，后世把此种冠弁通称为皮冠，以玄色为之，与之相配的上衣为缁布衣，下裳为积素裳。冠弁为周代弁服制度，后代沿用但有所不同。

（三）玄端

玄端是先秦帝王的日常服，为闲居时所穿的服饰，也可成为诸侯、士大夫穿着的通用礼服。冕服和弁服是在隆重的特定场合下穿用的礼服，而玄端服则是日常用的礼服，用途广泛。古书记载：周代男子朝穿玄端，夕穿深衣。因为早上的礼仪更郑重，叩见父母时也穿这种衣服。玄端也是上衣下裳，色彩以黑色为主，因无图案纹饰而被称为"玄端"。

玄端与弁服款式大体相同，只是收袖口式不同，衣袖（袂）收口1尺2寸。收袂的风气一直保留到汉代，魏晋以后才以广袖为风尚。玄端的穿法是：上穿玄色（黑色）衣服，下穿黄色裳，腰间束大带和革带、配蔽膝，裙内着白色中单露出裙外（图2-41）。

图2-41 玄端

二、袍服

（一）男子袍服

袍服是上衣与下裳连成一体的服装，秋冬季的袍服有夹层，夹层里装有御寒的丝絮。在西周时代，袍服仅作为一种生活便装，而不作为正式礼服。军队战士也穿袍，《诗·秦风·无衣》说："岂曰无衣，与子同袍。"这是描写军队士兵在困难的冬天共同合披袍服克服寒冷的诗篇。商周时期袍服有直裾和斜裾两种，直裾袍可分为交领直裾袍和圆领直裾袍。斜裾袍后来演化成深衣。西周的百姓以斜裾交领袍服为常用礼服，奴隶则不穿袍服而穿简单的遮身衣物，通常是圆领短衣。

（二）深衣

深衣是西周时用途最为广泛的衣服，男女皆服。据说，深衣是衣裳分裁后再相连，下裳共用六幅，每幅又二分，以合每年十二个月。从出土的文物和古迹上可以归纳其特点为：领式一般为交领，即大襟，右衽；深衣有曲裾和直裾两种；小口大袖；领和袖口（即祛）通常为宽缘，"衣作绣，锦作缘"；腰间束丝织物大带，流行佩玉；面料纹样有浓郁的楚国文化的风格。这种样式一直盛行到汉代。

（三）后妃六服

据《周礼·天官·内司服》记载，内司服掌王后之六服——袆衣、揄狄（揄，或作"榆"；狄，或作"翟"）、阙狄、鞠衣、展衣、褖衣[1]。与王的服饰不同的是，六服皆采用袍制，而不是上衣下裳制，其中袆衣、揄狄、阙狄为祭祀服饰。从王祭先王则服袆衣；祭先公则服揄狄；祭群小则服阙狄。这三种服饰，都刻缯而采画之。袆衣为玄色，画五色翚形；揄狄为青色，画五色翟形；阙狄为赤色，只刻翟形不加画色。着这三种服饰均佩戴首服"副"（头上的饰品，后来的步摇）。鞠衣

---

[1] "象"本指猪嘴上吻部半包住下吻部，引申指"包边"。"衣"与"象"联合起来表示衣服包边。本义为衣服包边，引申义为衣服边饰。褖衣指古代一种边缘有装饰的礼服。

为亲蚕告桑之服，服色如桑叶始生之色（黄绿色），首服为"编"（假髻，剪他人头发来增加头发的层次）；展衣（又作"袒衣"）素雅无纹彩，为白色，是礼见王与宾客之服饰，首服也为"编"；褖衣为黑色，是受王御见及燕居之服饰，首服也为"次"（把原有的头发梳编打扮使之美化）。首服中以副最为盛饰，编和次次之，另有衡、笄（衡和笄都是固定头发用的饰品）。这些发饰或固定发型的饰件，必须根据身份与用途来搭配。六服里面均衬以素纱（图2-42）。

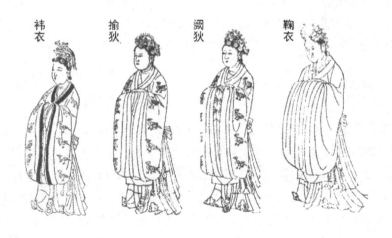

图2-42 袆衣、揄翟、阙翟、鞠衣①

周时与祭祀服相配套的鞋子，男女都是一样的。《周礼·天官》记载："屦人掌王及后之服屦，为赤舄、黑舄，赤缲、黄缲、青句、素屦（没有装饰）、葛屦（葛屦者夏用葛，冬用皮）。"复底的叫舄；单底的叫屦；缲是屦牙底相接之处相缀的丝带；句是舄屦头上的装饰，为行走之时足有戒意。舄的色彩有三等，王依次为赤、白、黑；王后依次为玄、青、赤。鞠衣以下都着屦，舄屦的色都同其裳的颜色。

①图片来源：《金陵古版画》。

三、裘衣

裘皮服装在我国历史悠久，早在公元前16世纪的殷商甲骨文中就有"裘"字。在历代诗书中关于裘皮的记载也很多，如《诗经·小雅·大东》中有"舟人之子，熊罴是裘"的记载；《论语·乡党》有"缁衣羔裘"之说；成语"集腋成裘"意思是狐狸腋下的皮虽很小，但聚集起来就能制一件皮袍，比喻稀少且珍贵并有积少成多之意。商周时期的裘衣，除羊皮、牛皮、貂皮、熊皮等兽皮外，还包括鸟类羽毛织成的衣服，如鹤裘、孔雀裘等，这类裘衣金翠辉煌，是极名贵的珍稀之物。古人穿裘之初是为生活需要，后期裘衣渐渐成为上层人物的专用衣着，象征身份、地位与荣耀。

四、戎服

夏商周三代没有铠，只以皮革为甲。《释名》记载："铠或谓之甲，似物浮甲以自御也。"根据出土的实物来看，战国以前战甲多以犀牛、鲨鱼、兕（类似犀牛的动物或雌犀牛）等皮革制成，戎服从头到脚均为皮革所为，甲片连接处用甲绳穿联，使用时要整理穿贯好，甲片上各色髹漆。

周代的兵事之服，除甲胄外，一般都为赤色（比朱深一些的颜色，近乎缥）。《周礼·春官》载："凡兵事韦弁服"，即以赤黄色的熟皮革为弁和衣裳。有史料载，赵国卫护王宫的卫士，都服黑衣，其他诸国虽缺少资料记载，但猜想亦应如此。在甲的外面，披以外衣或精美战袍，叫作衷甲，即甲不显露在外。

五、周代配饰

（一）鞋履

周人所着的鞋子男女同式。西周的鞋子有舄、屦之别。这两种鞋子服用时颜色都和下裳相同。舄为穿冕服时的搭配，与屦形制上的区别是鞋底上又另加一层木底。

屦则是单层的鞋子，根据原材料草、麻、葛、丝、皮的不同称呼又有所变化，如草屦又称蹻（同屩）、屩，皮屦又称鞮。当时以草屦最贱，为贫苦之人穿用，此外犯人配合赭衣所用的为"菲屦"，最为奢侈的是丝屦。战国后屦改称为履。

（二）发饰

先秦时期，男女均为长发，发式基本不分。"笄"与"簪"二字，是同一物件的两种称谓。先秦时期一般称"笄"，秦汉以后多称为"簪"。大多用兽骨制作，也有用象牙、宝玉制成的。按周代礼俗，女子15岁时要举行束发插笄仪式，称作"笄礼"，从此即视为成人，可以婚嫁。古代男子二十成人，同样举行加冠之礼，名谓"冠礼"。笄礼是与冠礼相应的一种礼俗。

周代男子大多头戴冠帽，很少光头露顶。笄的用途除固定发髻外，也用来固定冠帽。古时的帽大多可以盖住头部，但冠小的只能盖住发髻，所以戴冠必须用双笄从左右两侧插进发髻加以固定（图2-43）。固定冠帽的笄称为"衡笄"。固定好发髻之后，还要从左右两笄端用丝带拉到颌下拴住。周代妇女仍保持着辫发的发式，有将辫发挽成一个大髻垂在脑后的，有将头发梳成两个大辫搭在胸前的，有在梳好发辫之后，另在辫梢衔接一段假发，使其下垂至膝的。

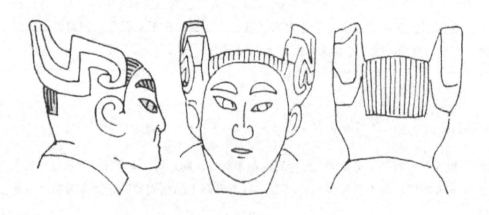

图2-43 西周双笄发式

（三）佩玉

古人有佩玉习俗。早在8000多年以前，我国对玉料的鉴别、玉器的加工技艺已达到相当的水平。到春秋战国时期进入了繁盛阶段，玉不仅是财富的象征，也是佩戴者人格的象征，以玉比德、望玉观人是当时的时尚，因此有"君子无故玉不去身"的说法。正是这种尚玉之风的盛行，玉饰自然成了朋友之间、情人之间相互赠送的礼物。佩玉与着装一样，有着严格的等级限制。不同级别的官吏，佩不同材质的玉。在所有玉佩之中，规格最高的应属大佩，它与礼服相配套，一般在祭祀、朝会等重要场合佩戴。使用时在外衣腰部两侧各佩戴一套，走起路来，玉石与玉石之间相互碰撞，发出有节奏的叮咚之声，清脆悦耳。玉声一乱，说明走路的人乱了节奏，有失礼仪（图2-44）。

图2-44 西周玉组佩

衣 第六节
春秋战国的服饰变革

一、深衣

深衣又称"绕襟衣""申衣""长衣",它最早出现于西周时期,盛行于春秋、战国、西汉,不论尊卑、男女均可穿着,东汉以后多用于妇女。其地位仅次于朝服,它是为官者的最低一级礼服,又是百姓的最高一级礼服,因而在先秦时期穿着十分普遍,应用范围极广,对后世的服装影响也很大。从周朝至清朝的礼服都以深衣制式为基础,经过演变,逐渐成为大袖宽衣的袍服。许多衣服的形制都是从深衣发展而来的。

春秋战国的深衣是一种经过改革的服装,它不同于之前不相连属的上衣下裳,而演变成上下一体的服饰。《礼记·深衣篇》郑玄注:"深衣,连衣裳而纯之以采者。"唐代孔颖达对郑玄的注进一步作疏曰:"此深衣衣裳相连,被体深邃,故谓之深衣。"《礼记·深衣》把这种服装的制度与用途说得很详细:"深衣盖有制度,以应规、矩、绳、权、衡,短毋见肤,长毋被土,续衽勾边,要缝半下。"这种衣服还"可以为文,可以为武,可以摈相,可以治军旅,完且弗费,善衣之次也"。深衣是战国至西汉时广泛流行的服装样式,这种服饰在春秋战国出现后,备受欢迎,不论男女贵贱、文武职别,都以穿着深衣为尚。

深衣上衣长到腰节,交领右衽,长随着衣者身高而定,以长不拖地,短不露腿肤为原则。深衣有一个特点值得关注,叫作"续衽勾边"。"衽"是指衣襟,"续衽"就是指延长衣襟;"勾边"是指衣襟边缘的装饰。当时还没有出现有裆的裤,《说文》:"绔,胫衣也。"人们认为,"膝以上为股,膝以下为胫",因此,胫衣是两条裤管并不缝合的套裤,当时的人还要在股间缠裈(一种有裆的裤,因形似犊鼻，故名犊鼻裈，以三尺布做成类似今天我们看到的日本忍者的内裤）。而上层人士，特别是妇女为了使这样一套不完善的内衣不至外露，下摆不开衩。《墨子·公孟篇》认为揭开外衣和裸体一样不文明，既不开衩口，又要便于举步，于是出现了这样一种用曲裾交掩的服饰。通过"续衽勾边"能起到遮羞并符合礼制的作用。古代服装没有扣，穿深衣时把加长的衣襟绕身体几周后用大带(丝织物织成)或革带束系于腰间，革带两端专门用钩子连接，名叫"带钩"。魏晋以后，由于被别的服式取代，深衣逐渐消失。图2-45、图2-46中贵妇着曲裾深衣袍，腰系大带。

图2-45 人物龙凤帛画（战国）

图2-46 战国时期的曲裾深衣

深衣是上下连属的服装，其结构为上衣、下裙，以腰节缝合组成一体，表示尊重祖宗的法度。下裙用布十二幅缝合，代表十二个月。深衣的衣领为方形，是全衣之首，在整件衣服中的位置是最重要的。所以，人们将深衣的领子比为"矩"。袖子古称"袂"。在日常生活中人们习惯将衣的领和袖并称，体现出袖子在衣装中的重要程度仅次于领。由于衣袖为圆形，有圆如规的寓意，领为方形，有方如矩的寓意，二者合为"规矩"。掌握规矩的人为有权力的统治阶层者，所以，人们希望掌握权力的人大公无私，勇于奉献。深衣背后领下正中部位，有一条贯穿衣裳、上下如绳的直缝，取其绳直之意；下摆部位裁剪一定要做到齐平如权衡，寓意平和。古人将规、矩、绳、权、衡称为"五法"，五法俱于深衣之上，是希望穿着深衣者不仅要无私，还要具有为人直率、心气平和的修养（图2-47）。

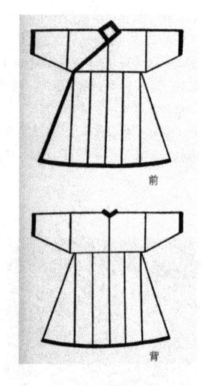

图2-47 先秦深衣结构图

带钩的使用（图2-48至图2-51）最早可上溯到春秋时期，在山东、陕西、河南、湖南等地的春秋墓葬中屡有实物发现。据史料所述，其极有可能出自胡俗，由于结扎起来比绅带便利，故逐渐被普遍采用，取代了丝绦的地位。至战国后，王公贵族、社会名流都以带钩为装饰，形成一种时尚，带钩的制作也日趋精致。南北朝以后，一种新的腰带"蹀躞带"代替了带钩，蹀躞不用带钩，而用带扣，带钩也随之消失。

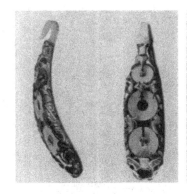

图2-48 包金嵌玉银带钩

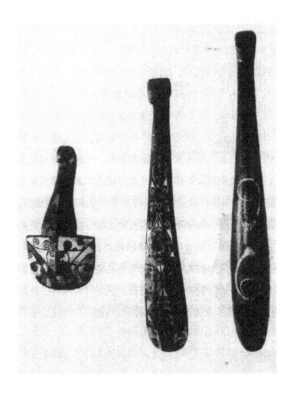

图2-49 金银错铲形带钩

图2-50 金银错带钩

图2-51 嵌玉螭龙纹带钩

二、襦裙

襦裙为平民妇女穿的一种服饰。现存最早的
襦裙视觉图像资料为河北平山三汲出土的中山国
玉人饰品。中山国是战国时期中原地区一个由白
狄族建立的少数民族诸侯国，其服饰特点为上下
两款，上衣为紧身窄袖，右衽开襟，下摆长到腰
节，下裳为方格花纹裙，腰间系带。此款在当时
具有一定的代表性。发式为卷型，形似牛角，可
能是中原地区流行的笄饰。这种服式，对后世中
原地区汉族服饰的发展颇有影响（图2-52）。

图2-52 战国时期楚国襦裙

三、胡服

胡服又称"胡衣"，是周代以后我国北方地区少数民族服装的总称。由地理环境及生活方式所决定，这些少数民族服装形制较为紧窄，由短衣窄袖、长裤和皮靴组成。衣身紧窄，便于游牧与射猎。服装质料较为厚实，冬季以皮毛为多。腰间用带钩固定。带钩是装在革带的顶端、用来束腰的钩子，是后世腰带最早的形式，也是少数民族服饰对汉服的一大贡献。先秦时期的贵族非常喜欢把带钩作为一种装饰，这种风气使得带钩的形式更加多样，制作也日趋精美。除了束腰和装饰功能以外，带钩还可以装在腰侧，用以悬挂宝剑、镜子、印章或其他物件。胡服色彩多以间色为主，装饰纹样较为粗犷，题材以禽兽为多。与汉族的褒衣博带、高冠浅履的服饰形制有较大区别。

战国末年，处在西北的赵国与东胡、楼兰接界，这两个地区的少数民族都善于骑马矢射。春秋之前汉人作战主要用战车，车战不利于崎岖山谷之地。进入战国以后，尤其北方地区的战场从平原扩展到山区，这时，地处西北的赵国赵武灵王为适应军事发展的要求，以弓箭为主要武器，全军上下，皆习骑射。

《史记·赵世家》有"今中山在我腹心，北有燕，东有胡，西有林胡、楼烦、秦、韩之边，而无强兵之救，是亡社稷，奈何？夫有高世之名，必有遗俗之累。吾欲胡服"的记载。《史记·六国表》云："赵武灵王十九年初胡服。"又《赵世家》传："武灵王平昼间居，肥义侍坐……曰：今吾将胡服骑射以教百姓，而世必议寡人。"

为改变周公先帝留下的衣冠礼仪之俗是要担风险的，当一大批大臣提出反对，要求坚持古法古礼时，赵武灵王痛斥道："先王不同俗，何古之法？帝王不相袭，何礼之循？"他的改革使赵国推行胡服骑射，并使赵国迅速成为强国。

赵武灵王所改变的服饰形制是改去下裳，即废去下裳而着裤，所谓上褶下裤说。（虽当时没有裤褶服这个名称，裤褶的名始见于汉末）。褶，即一种短袍。其裤式比胡人的裤子宽大，可为礼仪使用，亦可在膝部系带，便于活动。

赵武灵王变履舄而改着靴。冠也采用北方民族的貂皮冠。

带钩的应用，相传也是赵武灵王仿西北游牧民族而用，初期只限甲服，后加以发展，贵族王公的袍服都加以使用。至汉代已成风尚，有俗语"宾客满堂，视勾为异"。

赵武灵王发起胡服的目的是为了骑射，范围也只涉及军中及统治阶层的军戎之服。但这是中华服装有史以来所记载的第一次非汉民族的服饰大举进入中原的事件，而这种服饰上的交流融合对中华民族的文化意义甚为深远，所以周锡保先生称："中国服装历史上的五次变革中，赵武灵王胡服骑射为其中的第一次变革。"至于胡服为中原地区为广大华夏民族普遍接受，则是在魏晋南北朝时期了（图2-53）。

图2-53 着胡服的男子立人陶范

四、戎服

战国诸侯争霸、群雄割据，在这个时期，我国古代的各种思想学说、科学文化得到很大发展，同时也带动了军事装备制造技术的进步。《战国策·韩策·苏秦说韩章》中有"当敌即斩坚甲、铁、鍪、铁幕、革抉"的描述。甲为古之戎衣，用革或铁叶为之；铁为革履，是用兽皮做的鞋子；鍪是兜鍪，即首铠；铁则是以铁为臂、胫之衣；革抉是古代弓箭手戴在右手大拇指上用以钩弦的工具，以革为之，故称。从文献中看，战国已出现以铁为材料的戎服，但所遗存的实物不多，铁甲当属极少数（图2-54）。

图2-54 春秋时期的铁头盔

第三章 ｜

服章的交会时代

　　秦汉时期是中国封建社会初步巩固发展的时代，社会经济的发展推动了文化的进步，内外交流日益活跃，衣冠服饰也日趋华丽。魏晋南北朝时期是中国古代史上的一个重大变革时期，社会政治、经济、文化都处于激烈的动荡之中，服饰也十分丰富，变化显著。本章我们将详细论述秦汉至魏晋时期这一服章交会时代的服饰文化。

衣 第一节
社会与文化背景

一、社会背景

春秋战国时期的百家争鸣促进了文化的多元化发展和相互交流，各国文化和各派学说形成了异彩纷呈的局面，为日后秦汉文化的形成和发展留下了丰富的遗产，同时也为汉文化的昌盛奠定了基础。

经过变法和多年的兼并战争，秦国迅速强大起来，秦王嬴政挥戈灭六国，结束了诸侯割据的局面，建立了中国历史上第一个封建王朝——大秦王朝（公元前221年—公元前207年）。秦始皇不仅统一了华夏，还把各自发展了二百多年的七国文化融为一体，统一了法律、制度、语言文字、度量衡、历法等，这其中也包括服饰文化与制度。秦朝虽立国时间不长，却建立了各种制度，包括衣冠制度，使秦代文化既丰富多彩又完整统一，这对后来承袭秦代遗制的汉文化的大发展影响十分深远。

秦朝建立了统一的、多民族中央集权制的封建帝国，取消了王国，建立了郡县制。

秦始皇虽然统一全国，结束了长期战乱局面，但广大下层人民生活并未因此得到改善，秦王朝的暴政甚至使得民不聊生。在执政期间，秦朝立国的主导方针是法家思想。为加强思想统治，秦始皇下令"焚书坑儒"，制定严刑苛法，并无休止地征用全国的人力和财力，驱使民众北伐匈奴、南征岭南，修筑长城、开凿驰道、广造宫殿、大修陵墓，同时还要维持一支庞大军队和庞大官僚机构的开支，并进行庞大的国防建设和土木工程建设。为动员人力、筹集费用，统治者大大加强对人民的征敛，所以严重增加了民众的生活负担，弄得民不聊生，百姓苦不堪言。若以功过论，我们可以称赞秦始皇的辉煌功业，但我们也应该知道，这些丰功伟绩是建立在残酷剥削、压迫、集权的基础上的。不可一世的大秦帝国的强盛中孕育着严重的危机，因而在历史的长河中，它仅仅只存在了短暂的十五年便烟消云散了。

刘邦建立汉朝初期，主要采取的是无为政策，由于汉初崇尚的是道家黄老的"无为而治""以静治动"的统治思想，因此主张物尽其用，各项制度大多随前制或自由发展，对服饰也没有规定自己的制度。当时的社会相对而言有宽松的氛围，在这样的政治环境下，采取"轻徭薄赋""休养生息"的治国政策，迅速地扭转了秦末战争造成的荒废局面，经济、国力、文化出现了前所未见的腾跃，迎来了华夏历史上第一次大繁荣。至此，汉朝统治者提出了汉家自有汉家制，于是废除秦朝旧制，建立汉制，从政治、经济、文化上推行一系列治国方法，从而形成著名的"文景之治"时期。

到了汉武帝时期，由于汉朝强盛，其他国家以及少数民族纷纷与汉朝结交，加强了民族团结和文化交流。西域泛指塞外以西的新疆以及中亚和西亚的辽阔地域，汉武帝时期的张骞曾两次出使西域，沟通了和西域的交往与贸易。成千上万匹中国丝绸通过张骞走过的道路，被运往中亚、西亚以及欧洲各国，受到当地人民的欢迎，把它当作至高无上的珍宝，并给中国以"丝国"的美誉。此后中国同西方各国之间的贸易往来日益频繁，从西汉开始，历经东汉和魏晋南北朝，一直到隋唐始终没有中断。这条陆路通道被中外誉为"丝绸之路"，中华的文化从此传遍世界各地。汉帝国因丝绸之路而在国际上声名大震，其文化也随之传播四方，因而人们习惯以"汉"指称中华民族，相沿至今未改。

公元4世纪至6世纪，中国处于混乱的南北朝时期。经历了从群雄割据到三国分立，以及西晋灭吴再次统一全国的一系列历史事件。汉末，朝廷腐败，宦官外戚争斗不止，国力衰微，加上统治者对人民的残酷剥削，爆发了黄巾起义。在统治阶级着手镇压农民起义之时，周边的少数民族政权开始壮大，国内的官僚也乘机扩张自己的势力，从而形成了群雄割据的局面。从公元220年曹丕代汉称帝到公元589年隋灭陈统一全国，共369年间，政局基本上都处于动乱分裂状态。曹丕之后是司马炎代魏称帝，定国号为晋，史称西晋。之后，司马睿退据南方建立了偏安的东晋王朝，而北方则分裂成五胡十六国。再后来是鲜卑拓跋氏统一北方。至此，形成分裂对峙即历史上所称的南北朝时期。但是代表地主利益的西晋统治者却没有巩固统一的能力，统一后不久，中国又重新出现了割据分裂的局面。从匈奴贵族刘渊在"八王之乱"的后期建立汉国起，到589年隋文帝灭陈止，南北对峙将近三百年。

魏晋南北朝是中国社会长期分裂和政治、军事、思想上动荡的时期，也是战乱频繁的时代，更是王朝不断更迭的时代，从魏晋至南北朝结束三百六十余年中，先后建立了三十多个大大小小的政权。由于政权更迭频繁，割据因素加重，民族关系紧张，社会秩序非常混乱，给人民群众生活带来极为不利的影响。战事一发生，统治者不但无力救济民众，反而大量征集壮劳力充军，增加赋役剥削，造成大批难民四处流散。

这是一个战乱频繁的时期，同时也是民族大融合的时期。社会意识、人们思想的发展前后变化很大。但这些动荡在一定程度上促进了地域间、民族间不同文化的交流与发展以及社会变革。一方面，战争和民族大迁徙促使胡、汉杂居，南北交流；另一方面，来自北方游牧民族和西域国家的异域文化与汉族文化的相互碰撞与相互影响，以致生活习俗包括服饰逐渐趋于融合，促使中国服饰文化进入了一个发展的新时期。

二、文化背景

秦代政治思想是在法家学说的基础上兼采邹衍阴阳学家的"五德始终说"。这一学说是将朴素唯物论的"金、木、水、火、土"的"阴阳五行说"加以神化，用"五德相胜"来解释朝代的兴衰更替，并把这种兴替归于天命、天意，认为五德周而复始、相生相克，而每一种德要兴起时，天必然会把这种德的祥瑞显示出来。周朝为火德，因而尚红，秦朝认为水克周火而得天下，因而崇尚象征水的玄色。秦始皇采用"五德终始说"，实行了以下措施：

①冬季对应水德，因此规定十月作为一年的第一个月；

②水德尚黑，因此秦王朝以黑为正色，把衣服、节旗、旄旌都改为黑色；

③水德是和"五数"中的"六"相应和，因此秦王朝以六作为标准数，各种器物都用六来记数；

④水的性质是严酷和死亡，因此，秦王朝处理一切事情都要取决于严刑峻法，不能讲"仁恩"和"义"，这是为其残酷的统治找了理论根据。

根据"五行学说"，汉朝属于土德。汉代的整个服饰承袭秦朝旧制，许多治国方法也沿袭秦朝遗制。汉朝初期依然崇尚黑色，后来逐渐变为崇尚黄色和赤色。这是由于刘邦原为秦朝的官吏，并对秦朝国情以及崇尚水德十分熟悉。所以汉朝初期服饰依然流行黑色，出现了贵族官吏使用黑色，平民百姓使用白色的朴素、庄重的服饰风貌，只有在祭祀时才换一下颜色。另一方面，这是因汉代初期国力甚微、财力匮乏所采用的一种无为而治的方针，这也是为了安定国民、发展经济、恢复国力。

汉代基本上是儒道两家思想占主导地位：以伦理纲常之说支配人心；同时推崇神仙之说。汉武帝接受儒生董仲舒提出的"罢黜百家，独尊儒术"的建议以后，儒家思想逐渐成为汉代封建社会的统治思想。它在发展过程中又与巫师、方士的神秘学说结合起来，使儒家学说一步步宗教化、神学化。这种思想意识反映在服饰文化上，就是为封建统治阶级的政治宣教和炫耀服务。当时的服装，不是表现统治阶级的威严，就是表现他们的奢侈生活；不是祈求长生不老成仙得道，就是宣扬忠、孝、节、义等。

由于经济的发展和对服饰礼仪的重新审视，服饰文化在汉代以前的形制、工艺、纺织、刺绣、染绘的基础上根深叶茂地发展起来。此时服饰和整个文化的各个组成部分都得到了空前发展，中国文化的基本模式也就是在此时勾画出了基本轮廓。

汉末，动荡不安的现实，转瞬即逝的人生，使人们对儒学的信仰动摇了。魏时的曹操废除儒说，崇尚名士、法家的思想，主要是为了打击豪门贵族，削弱他们的势力，使经济命脉、政治权力更有效地集中在中央，所以他宣扬名家思想、启用贤士。在天人关系上，曹操公开申明自己"性不信天命"，把天看作"阴阳四时"、有规律可循的自然现象。魏时的后期又将法家思想与儒家思想结合起来，提出"治定之化，以礼为首；拨乱之政，以刑为先"，礼、法并存地治理国家。这是魏时统治思想的一大特点。

魏晋时期对人生意义的探求转向对个体自由（尽管只是单纯精神上的自由）的追求，极端强调人格自由和独立。这种强调带有"人的觉醒"的重要意义，"不是人的外在的行为节操，而是人的内在的精神（亦即被看作是潜在的无限可能性）成了最高的标准和原则"。这是魏晋南北朝能够打破儒学思想束缚，获得充分发展的重要思想原因。在叩问人生、追求个体自由观念的影响下，玄学成为门阀世族生活的重要精神支柱，个人的才情、品貌、风度、言谈、智慧、识鉴、个性等成为人们追求的时尚。这一学说是将儒家与道家进行改良与结合而形成的一种唯心主义哲学思想，在提出"无为而治"的同时又推出"伦礼纲常"。当时玄学的倡导者主要是在社会上占有重要地位的贵族豪绅和有经济实力的地主阶级，提倡玄学的目的起初在于削弱中央统治，扩张自己的势力。玄学后期其内涵成了大部分倡导者的行为，这是因为后期贵族中间的相互斗争，失利者只好以此来超脱自己，因此它代表了大部分中小贵族、地主、土豪的思想和利益，于是一时间玄学之风大兴，怪诞之事四起。在魏晋的后期佛教和道教的兴起都对意识形态和文化之风有一定影响，这些在服饰文化中都有一定的反映。但是由于偏安南方的东晋小朝廷充满各种内在的矛盾，门阀世族的统治日趋腐朽无能、危机四伏，风靡一时的玄学清谈逐渐失去其思想的深度和精神上的慰藉力量，最后与迅速发展起来的佛学合流。佛教本在汉时就有传入，只是在魏晋时先是融进了儒学思想，后又掺入了玄学思想，才在我国广为传播开来。杜牧诗云"南朝四百八十寺，多少楼台烟雨中"，于此可以想见当年佛教兴盛的景象。

　　战争频繁、社会动荡的另一个结果是形成开放融合型的文化，各族人民之间交融，从而促使南北民族文化与服装造型发生改变。由于北方少数民族不断侵袭，加上饥荒、天灾与疫病，迫使广大北方人民背井离乡，向南方迁移；而北方少数民族又入住中原与汉民族相互错居，使得汉族与少数民族文化思想、生活习俗相互影响、相互融合。北魏为少数民族执政时期，推行全面的文化改革，大量汲取了汉文化，甚至改变本民族语言。在南北朝，各少数民族初建政权时，仍按本族习俗穿着。建立北魏王朝的拓跋鲜卑，本是从大兴安岭的大鲜卑山迁移出来的一支狩猎民族，他们与"风土寒烈"之地的居民一样，其服装也属于衣绔式的"短制褊衣"。但入主中原后，深感汉文化的先进与强大，强烈意识到鲜卑族在文化上的巨大落差，认为以"出自边戎"的身份君临诸夏是不容易被真正接受的。扬雄《法言·先知篇》曾道："圣人，文质者也。车服以彰之，藻色以明之，声音以扬之，《诗》《书》以光之。笾豆不陈，玉帛不分，琴瑟不铿，钟鼓不耘，则吾无以见圣人矣。"因此，对于封建社会的政权来说，缺少了传统礼法观念的支撑，就不可成其为正统的封建王朝。魏孝文帝懂得这个道理，断然进行彻底的改革，要名正言顺地做正统的中国皇帝。一位统治者全盘否定其本民族的语言、礼仪、服装、籍贯乃至姓氏，魏孝文帝之举可谓是空前绝后。

三、服饰制度

尚黑的秦朝,上至文武百官,下至平民百姓,无论男女老幼,装束都以黑色为主,显得素雅整齐,佩饰也十分简单。只有囚犯与俘虏身着赤色服装,便于监管,防止逃跑。同时由于秦亲法灭儒,自轻礼仪,因此,秦朝时期没有烦琐的冕服制度,如遇祭祀大典活动,只穿冕服末端的元冕。此外,在朝中等级标志也仅限于冠式和佩玉材质上,这些都是秦朝思想在服饰上的反映。

在服饰上仅仅融合调整了七国的服饰,还没有形成明显的历史阶段性特征,建立一套完整的服装制度体系,就随着秦朝的覆灭成了过去。

随着政权的巩固和经济的蓬勃发展,对内各民族之间、对外各国之间的交流日益活跃,汉朝初年物尽其用的社会风尚有了明显的变化。人们对服饰的要求越来越高,穿着打扮日趋华丽,就连百姓、商人也穿起了达官贵人之服。汉文帝时期贾谊上谕奏请,改服色为黄色。汉文帝的袍服第一次采用黄色,从此开始用黄色作为皇帝朝服的正色,一直沿用到清代。不过汉代时期的黄色袍服还没有像后代那样禁止民众服用。封建帝王长期以黄色作为最高贵色,象征中央(中原)的尚黄风气一直延续下来。从贾谊的上书可以看出:①当时生产、商业、经济十分发达;②服饰日趋华丽美观;③西汉虽有服制,但由于经济的发达,百姓的服饰已打乱了限制。对此,东汉时期制定了更为详细的服饰制度,从冠帽衣服到鞋履配饰都有等级差别。

大汉帝国的强盛和丝绸之路的开通,使歌舞升平、灯红酒绿的贵族们崇尚奢华,《后汉书》记载:"文组彩牒,锦绣绮纨"。服饰制度趋于完善的同时,服饰的纹样枝蔓缠绕、行云流水,展现出贵气华丽的风格。皇族的服装和装饰成为上流社会竞相追求的时尚潮流,头饰中的金步摇、男装腰饰带钩成为时尚的象征。因受南方楚文化的影响,汉代的衣着方面有楚衣、楚冠出现。从出土的楚俑中,可看到男女衣着领缘较宽,绕襟盘旋而下,腰线下移,衣着以展现多层为特点,红绿缤纷,华美异常。服装常采用印、绘、绣等工艺装饰手段。织锦作为衣服缘边的装饰,材料细薄、工艺精美,体现出其织造技术达到了极高的水平。通过楚墓彩绘俑及出土实物可以看出,其服装剪裁方法亦相当经济,且材料的处理极重实用。如南方夏季炎热,衣着主要部分多用极薄的绮罗纱壳,衣服的边缘则用较宽的织锦,以

及流行脱穿方便的直裾袍服。秦汉时期男女日常生活的服饰形制差别不大，都是采用右衽大襟袍服，不同之处是男子腰部系扎革带，腰带端头装有挂钩，而妇女腰部只系扎丝带。

秦自以为得水德，衣服尚黑。汉因秦制，亦尚"构玄之色"，汉代文官皆着黑衣。《汉书·萧望之传》载："敝备皂衣二十余年。"《论衡·衡材篇》说："吏衣黑衣。"

秦汉时期不同的巾帻冠帽表示不同的身份和等级，朝臣职官品第的区别主要在冠式，其中，旒冕、长冠(即刘氏冠)、委貌冠、皮弁冠为祭服冠。通天冠原指楚庄王通梁祖缨；秦时采楚冠之制，为乘舆所服；至汉代为百官于月正朝贺时所戴，天子也戴此冠。委貌冠与古皮弁制同，戴此冠时，穿玄端素裳，行大射礼于辟雍，公卿诸侯、大夫行礼者戴之。皮弁冠与委貌冠制同，戴此冠时，上着缁衣、皂领袖，下着素裳。执法者戴法冠。汉代宫廷侍卫武官戴武冠，并在帽上加黄金珰、玉蝉等装饰，还戴一条貂尾作装饰品。廷尉、大司马将军戴鹖冠。宫殿门吏、仆射戴却非冠，其制如长冠。司马殿门卫士戴樊哙冠。此外还有远游冠、高山冠、建华冠、爵弁等等。

秦汉男子首服，与古制明显不同。秦汉以前，庶民或卑贱执事者束巾而不戴冠。及至秦朝，曾以巾帻颁赐武将，与冠帽同时使用。但只限于军旅，不曾施于民间。到了汉代，巾才开始被上层士大夫家居所用，汉末文人与武士更以戴巾为雅尚。据说西汉王莽，因本人头秃，特制巾帻包头，从此流传开来，成为风气。帻类似于巾，是套在冠下覆髻的巾，秦汉武将喜戴红帻，文官穿便服常戴帻。幅巾是当时居士老叟、文士雅士的普遍装束，上层人士的头巾为黑。汉代，白色头巾为官员免职后或平民的标志，官府中的小吏和仆役们也戴白头巾。帻至汉代被改进成帽子，为头顶上方口盖住发髻的高顶，四周的围沿整齐，颇似近代的无檐帽，有长、短耳之分，帻上加发冠，也有将头巾和帻合戴，因此出现了平巾帻、介帻、平顶帻、冠帻等。

收进《后汉书·舆服志》的就有冕冠、长冠、委貌冠、爵弁、通天冠、进贤冠、獬豸冠、武冠等十六种之多。从文献记载来看，这些冠帽的形制，大多因袭古制，很少出于新创。

魏晋南北朝是社会动荡时期，在初期统治者无力改变现状，据文献记载，魏晋时期汉民族的法定服制，仍用秦汉旧制。但由于战争频繁原因，传统的深衣之制已不被男子采用，连属的袍服也逐渐在民间消失。

魏晋时期服饰的最大特点就是宽衣大袖。衫、巾、漆纱笼冠是这个时期男子服饰的一大特色。大冠高履，由深衣变化而来的以宽博为特点的大袖长衫、褒衣博带，成为这一时期的主要服饰风格，尤以文人雅士为盛。汉族男服主要是衫，分单、夹两式。魏晋时期的袍衫与秦汉时期的袍服区别在于袍服袖口有祛，而袍衫为宽敞袖口。由于不受衣祛的限制，服装袖子日趋宽博。上自王公名士，下及平民百姓，都以大袖宽衫为时尚。从模印砖画《竹林七贤》所描绘的人物的潇洒超脱的着装中，可见到他们不仅崇尚穿这种宽大的长衫，而且还以此作为藐视朝廷、发泄对社会不满的载体。他们袒胸露臂，披发跣足，以表现不拘礼法的意识；他们沉迷于酒、乐、丹、玄，追求自我超脱。另一方面，王公贵族、门阀世族则玄冕素带，朱绂青绢，腰悬玉佩，饰金银之珠，夏穿绮襦纨绔，冬服黑貂白裘。士族男子化妆的亦不在少数。《颜氏家训·勉学篇》中说世家大族子弟"无不熏衣剃面，傅粉饰朱，驾长檐车，跟高齿屐"。（"高齿屐"就是木屐，这种木屐后来东传至日本成为和服的"下驮"，也就是日本式木屐。）当时扭曲的社会风气，将此推崇为士族风度的体现。这种隐居与奢华的双面生活方式及其服饰装扮在很多墓室壁画、陶俑与绘画中都有表现，如壁画《竹林七贤与荣启期》、绘画《列女传仁智图卷》《女史箴图卷》等。

女子服饰在继承秦汉遗俗的基础上深受男服宽衫的影响，女子服装款式也多采用褒衣博带、宽衣博袖，衫以对襟为多，领、袖都施有缘边，并有帔肩，下身穿几何纹样或间色条纹长裙或缚裤，腰用帛带系扎。而女子服装由于受玄学与西域文化影响，传统女装中的深衣在融入民族服饰语言后，呈现出多层次的变化。宽袖不同于传统男服大袖，袖子从中部窄瘦到袖口宽大以s形曲线变化，服装多采用飘带造型，围裳中伸出的飘带使得服装变得修长婀娜，面料悬垂轻薄，追求飘逸感和流动的曲线美，使女子服饰就像云中的仙女随风飘荡，有飘浮欲仙之感，更显体态的轻盈。女子的各种饰物如步摇、钿、钗、簪、指环、假发等也非常流行。《抱朴子·讥惑篇》有载："丧乱以来，事物屡变，冠履衣服，袖袂裁制，日月改易，无复一定，乍长乍短，一广一狭，忽高忽卑，或粗或细，所饰无常，以同为快。其好事者，朝夕仿效，所谓京辇贵大眉，远方皆半额也。"反映出乱世之时服饰的流行趋势与速度。杂裾垂髾服、绔褶服、广袖朱衣大口裤、缚裤、裲裆、高环髻（单环、双环）、蔽髻等，这些丰富的服饰样式是民族大融合的最好例证。

始于汉末的扎巾习俗，到了南北朝时期，已经成为当时男子的主要首服，上到名人贵族、下到庶民百姓都以扎巾为雅。始于商周时期的假髻习俗，由于南北文化的不断融合以及对外来文化的不断吸收，到了魏晋南北朝时期，各种造型奇特的发型已盛行于广大妇女之中。

北魏在服饰上也大力推行汉制，当时祭服全部改为汉制。北魏孝文帝改革以后，北魏人人皆身着大袖宽衫长袍、蔽膝、绶带、高头大履等，朝服、常服也以汉服为主，完全改变了草原民族着靴、短制褊衣的旧俗。也因此，传统的冠冕服饰被保存下来，成为祭祀典礼与重大朝会时的专用服饰。

同时广大南方人民在原来汉服的基础上也吸收北方少数民族，尤其是鲜卑族的服饰特点，一改以往的宽衣大袖服饰形制，使服装制作日趋合体，传统的服饰款式，甚至连常服中应用最多的深衣也逐渐消失。而胡服在这一时期不仅是军人所穿，连一般官人、贵族以及百姓都流行穿着。当时常服主要吸收了胡服裤子的特点，形成了以裤衫为基本形制的服饰。那时南方本以原有的冠服，如通天冠、进贤冠、绛纱袍及下身裙装为礼服，而自北方的裤褶服盛行后，南方汉人也采用。但毕竟在朝会或礼仪中，这种装束显得不够严肃，因此，南方汉人就将上身的褶加大，并加宽袖口与裤口，成为裙裤的形制，因为这样的形制才有些像上衣下裳之制，向原有的习俗靠拢，使这种加肥的裤褶在南方广为流行。所以说，南方汉人采用这种服饰，既便于行事又适用于仪表体制。这种裤褶服自南北朝后一直沿用至唐代，并有以此服作为朝见之服的。这种宽口裤之制，反过来又影响了北方，所以说南北朝时期是各民族间在服饰上相互影响的一个重要阶段。这种服饰在目前出土的陶俑和壁画中极为多见，可见当时这种服饰十分普及。另外，帽子虽然是从传统的帻巾基础上发展起来的，但这一发展主要是受了少数民族帽式的影响。南北朝时期西域文化从汉朝时期张骞打通丝绸之路后逐渐向东方传入，深刻地影响着中原文化。所以这时期中国服饰受西域文化影响在款式上反映最为明显，如服装造型紧身、流行对襟、裸胸等，从而形成中国古代服饰史上第二次大的变革。

第二节 衣
幽幽秦汉：秦汉时期的服章

一、秦汉时期的服装

（一）礼服

1.冕服

秦汉帝王的服饰制度沿袭战国时期的帝王臣僚参加重大祭祀典礼时戴冕冠的冕服制度，其中又融合诸侯各国服饰文化，并以"六冕"为制度的基数。其基本形制成为中国历史上传统帝王的典型帝服，沿用至明代。

冕服由玄衣、纁裳组成，中单素纱，红罗襞积，革带佩玉，大带素表朱里，两边围绿，上朱锦、下绿锦，大绶有黄、白、赤、玄、缥、绿六彩，小绶有白、玄、绿三色，三玉环，黑组绶，白玉双佩，佩剑，朱袜，赤九、赤舄，组成一套完整的服饰。据汉朝制度规定：皇帝冕冠用十二旒，质为白玉，衣裳十二章；三公诸侯七旒，质为青玉，衣裳九章；卿大夫五旒，质为黑玉，衣裳七章；通天冠为皇帝的常服，其衣为深衣制。

东汉永平二年(公元59年)，汉明帝诏有司博采《周官》《礼记》《尚书》等史籍，重新制定了祭祀服饰及朝服制度，冠冕、衣裳、鞋履、佩绶等各有等序（见图3-1、图3-2）。

2.袍

袍属于汉族传统服制，对于袍，《中华古今注》中载："袍者，自有虞氏即有

图3-1 秦朝冕服　　　　　　　　图3-2 汉朝冕服

之，故《国语》曰袍以朝见也。秦始皇三品以上绿袍，深衣。庶人白袍，皆以绢为之。"秦汉男子服饰，以袍为贵。袍服常为官吏的普通装束，不论文武职别都可穿着。在整个汉代四百年间，这种袍服还可以当作礼服。

从出土的壁画、陶俑、石刻来看，这种服装只是一种外衣，凡穿这样的服装，衣领一般开得比较低，里面一般还衬有露出领口的白色的内衣，也叫单衣，形制与袍略同，唯不用衬里。袍的基本样式以大袖为多，袖口有明显的收敛。秦朝袍服袖子比较窄瘦，袍服长到膝部，多为短袍；汉朝袍服款式以大袖为多，袖口做得很小，袍服长到足背，多为长袍。根据记载，袖口的紧窄部分叫"祛"，袖身的宽大部分叫"袂"，所谓"张袂成阴"就是对这种宽大衣袖的形容。领、袖都饰有花边，多绣夔纹或方格纹等。袍服的领子以祖领为主，大多裁成鸡心式，大襟斜领，衣襟开得很低，穿时露出内衣。袍服下摆，常打一排密裥，有的还裁制成月牙弯曲状。

文吏穿袍服，头上必须裹以巾帻，并在帻上加戴进贤冠。按汉代习俗，文官奏事，一般都用毛笔将所奏之事写在竹简上，写完之后，即将笔杆插入耳边发际，以后形成一种制度，凡文官上朝，皆得插笔，笔尖不蘸墨汁，纯粹用作装饰，史称"簪白笔"（图3-3）。

图3-3 秦汉时期官吏所着袍服

3. 曲裾深衣

秦汉时期，无论官员或平民，多穿着深衣。汉代深衣与战国深衣有较明显的区别。汉代的深衣与以往的深衣有所不同，比较明显之处是衣襟为曲线斜式，衣襟绕转层数增多，身份越高的人缠绕圈数越多。衣服下摆部分增大，这就是曲裾深衣。

曲裾深衣，通过门襟延长，其可沿身体缠绕数层，将身体全部遮掩，深邃而严密，穿衣者腰身大多裹得很紧，并用一根绸带系扎于腰间，以固定衣襟。系扎的部位有时在腰间，有时在臀部，由衣襟末端的位置而定。这种深衣明显不同于战国的（图3-4）。

穿着深衣，一是礼制的需要，二是中原人原本不穿裤子，着曲裾深衣也是为了不露体，以免不雅。其时上至百官，下至平民，都以深衣为常服。东汉以后，由于裤子的出现，直裾开始流行，所用布料比深衣节省约40%。

曲裾多见于西汉早期，到东汉，男子穿曲裾深衣者已经少见，一般多为直裾深衣，但并不能作为正式礼服（图3-5）。

图3-4 战国深衣

图3-5 汉代男子曲裾深衣

汉朝曲裾深衣不仅男子可穿，亦是女服中最为常见的一种服式，形象资料中有很多反映（图3-6）。汉代妇女的衣裳基本上沿袭古制，礼服仍是深衣。以深衣为主，以深衣为尚。皇后、贵妇等妇女在重大场合皆着深衣。从马王堆一号汉墓出土的十二件完整的衣服中有九件是深衣，可以证明，深衣是当时贵妇的主要服装。这种服装通身紧窄，长可曳地，下摆一般呈喇叭状，行不露足。衣袖有宽窄两式，袖口大多镶边。衣领部分很有特色，通常用交领，领口很低，以便露出里衣。凡穿几件衣服，每层领子必露于外，最多的达三层以上，时称"三重衣"（图3-7、图3-8）。

图3-6 汉代女子曲裾深衣

图3-7 汉代三重衣

图3-8 长信宫灯人物三重衣

　　图3-9位湖南长沙马王堆一号汉墓出土帛画局部。这张帛画中的妇女在脑后挽髻，鬓间插有首饰，老妇发上还明显地插有珠玉步摇。每人所穿的服装尽管质地、颜色不一，但基本样式相同，都是宽袖紧身的绕襟深衣。衣服几经转折，绕至臀部，然后用丝绦系束。老妇穿的服装，还绘有精美华丽的纹样，具有浓郁的时代特色。在衣服的领、袖及襟边都缝有相同质料制成的衣缘，与同墓出土的服装实物基本一致。

图3-9 马王堆一号汉墓出土帛画中的曲裾深衣

（二）常服

1.袿衣

袿衣亦作"圭衣"，是两汉时期一种妇女宴居之服。由深衣演变而来，款式大体与深衣相似，因为在衣服底部由于衣襟绕转形成两个上宽下窄形状像刀圭的燕尾状的两个尖角作为装饰，故名袿袍。其服是采用斜裁法缝制而成的一种长襦衣（图3-10）。

2.直裾

直裾又称襜褕，指垂直的衣裾（图3-11）。汉朝的直裾男女均可穿着。这种有别于曲裾深衣。制作时将衣襟接长一段，穿时折向身背，垂直而下，直至下摆。直裾早在西汉时就已出现，但不能作为正式的礼服。因为在汉人看来，将套在膝部的裤腿露出是不恭不敬的事情。进入东汉以后，人们内衣逐渐趋向完善，特别是裤子形式的改进，也采用有裆的裤子，时深衣如果再用曲裾绕襟遮挡内衣就没有必要了，所以人们就多采用造型相对简单的直裾款式的袍服。所以到了东汉后期，直裾逐渐普及，并替代了曲裾。

图3-10 汉代袿衣

图3-11 汉代直裾

3. 襦裙

上襦下裙的女服样式，早在战国时代已经出现。到了秦汉，由于深衣的流行，穿这种服式的妇女逐渐减少。秦汉时期的襦裙多为年轻女子穿着，在汉乐府诗中就有不少描写。《陌上桑》中载："头上倭堕髻，耳中明月珠。湘绮为下裙，紫绮为上襦。"这个时期的襦裙样式与战国时期的襦裙基本相同，一般上襦极短，仅长至腰间，而裙子很长，下垂至地，大多用四幅素绢拼合而成，上窄下宽呈喇叭状，不加边缘，行走不露足脚；裙腰很高，在裙腰两端缝有绢带，以便系结。襦裙是与深衣不同的另一种形制，即上衣下裳制。襦裙是中国古代妇女服装中最主要的形式之一，自战国乃至明清，前后两千多年，尽管长短宽窄时有变化，但基本形制始终保持着最初的特征（图3-12）。

图3-12 汉代襦裙

4. 禅衣

禅衣为汉代男子服装，样式与袍略同，是用单层布帛制作的一种上下连属的无衬里长衣，故又称单衣，它是周代以来穿着普遍的一种深衣之遗式，有曲裾和直裾两种造型。禅衣的穿着范围较广，仕宦平日燕居之服，叶作礼服配套穿着，文者长及足，武士短至膝，并被以后各朝代沿袭使用。最有名的是1972年在湖南长沙马王堆汉墓出土的素纱禅衣，整件服装，薄如蝉翼，轻如烟雾，衣长128厘米，两袖通长190厘米，共用料约2.6平方米，全部重量只有49克，还不到1两重，反映了当时高超的织造工艺技术，是一件极为罕见的稀世珍品（图3-13）。

图3-13 马王堆素纱襌衣

5. 裤子

裤在汉代一般为袍服或深衣之内下身所穿。古代的裤子有两种样式，一种为袴，是早期无裆的裤子，仅以两只裤管套在膝部，用带子系于腰间，故又称为"胫衣"。另一种为裈，是有裆的裤子，合裆裤形似犊鼻，又名"犊鼻裤"。将士骑马打仗穿全裆的长裤，名为"大袴"。西汉时期妇女也有穿裤子的，但大多仅有两个裤管，上端用带子系扎。到了东汉时期宫中女子有穿前后有裆的系带的裤子，名"穷（意为不同）裤"，又称"绲裆裤"，后逐渐为民间仿效。这种裤子裤裆很浅，穿在身上常露出肚脐，没有裤腰，裤管叶很肥大。这为直裾袍服的逐渐普及奠定了基础（图3-14、图3-15）。

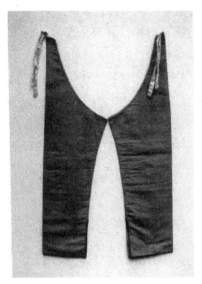
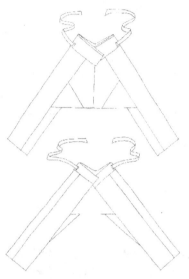

图3-14 汉代犊鼻裈 图3-15 汉代裤子结构图

（三）戎装

1. 秦俑戎装

我国古代历史上现存军服资料最全面、最准确、最详细的当属秦代，这归功于秦始皇陵兵马俑的发现。从目前在陕西临潼一、二、三号坑内发掘出土的陶俑来看，这些兵马俑神态自若，表情栩栩如生，雕塑手法极为写实。

秦代出土的兵俑分为将军俑、军吏俑、骑士俑、射手俑、步兵俑、驭手俑等。从秦俑军阵威武的气势、铠甲服饰装束中因等级差别以及作战需要所表现出的设计差异，我们能感受到秦代战服是集审美与实用于一体的。

将军铠甲为临阵指挥的将官所穿。铠甲的前胸、背后均未缀甲片，似以皮革或一种质地坚硬的织锦制成，其上绘几何形彩色花纹。甲衣的前胸下摆呈尖角形，后背下摆呈平直形，周围留有宽边，也用织锦或皮革制成，上有几何形花纹。胸部以下，背部中央和后腰等处，都缀有小型甲片。全身共有甲片160片，甲片形状为四方形，每边宽4厘米。甲片的固定方法是用皮条或牛筋将其穿成组，呈"V"字形，并钉有铆钉。另在两肩装有类似皮革制作的披膊，胸、背及肩部等处还露出彩带结头。整件甲衣前长97厘米，后长55厘米。

秦代兵士铠甲是秦兵俑中最为常见的铠甲样式。这类铠甲有如下特点：胸部的甲片都是上片压下片，腹部的甲片则是下片压上片，以便于活动。从胸腹正中的中线来看，所有甲片都由中间向两侧叠压，肩部甲片的组合与腹部相同。肩部、腹部和颈下周围的甲片都用连甲带连接，所有甲片上都有甲钉，其数为二或四不等，最多者不超过六枚。甲衣的长度，前后相等。其下摆一般多呈圆弧形，周围不另施边缘（图3-16、图3-17）。

图3-16 秦俑军官皮甲

图3-17 秦代士兵铠甲绘图

图3-18左一为将军，头戴长冠，身着双重战袍，下着缚裤，外罩铠甲；中为驭手，头戴长冠，身着战袍，外罩重铠甲，下着长裤，外加裹腿；右一为车士，头戴介帻，身着战袍，外罩长铠甲，下着长裤，外加膝缚。

图3-19左一为骑兵，头戴弁冠，身着战袍，外罩短铠甲，下着瘦长裤；中为射手，头梳偏右圆髻，身着战袍，腰系革带，下着长裤，外加膝缚；右一为轻装步兵，头戴梳偏右式圆髻，身着战袍，腰系带，下着长裤或外加裹腿。

图3-20为秦始皇陵铜车马御者俑，头戴长冠，身着战袍，外着围裳，腰部系着丝绦佩玉环绶。图3-21为秦始皇陵骑兵俑，头戴冠弁，身着战袍，外加铠甲。

图3-18 秦俑戎装（一）

图3-19 秦俑戎装（二）

图3-20 秦始皇陵御者俑   图3-21 秦始皇陵骑兵俑

2.汉代铁甲

　　到了汉代，铁制铠甲已开始普及，穿戴铁甲逐渐成为制度。这从陕西咸阳杨家湾出土的武士俑身上可以看到（图3-22至图3-24）。这些武士俑的铠甲都涂着黑色。它的形制大体可分为两类：一类是武将的装束，用鳞状的小型甲片编成，为方便活动，腰带以下和披膊等部位仍用扎甲形式；另一类是普通士兵所用的扎甲，就是采用长方形片甲，将胸背两片甲在肩部用带系连，或另加披膊，这是普通士兵的装束。

图3-22 汉代武将铁甲 　　　　　　　　图3-23 汉代士兵铁甲

图3-24 秦汉军戎服饰绘图

二、秦汉时期的配饰

（一）首服

1.秦俑首服

秦代军官戴冠，士兵不戴冠。秦代兵俑的首服大致分四类。一类为文吏帻，有两种：一种为骑兵俑、军吏俑所戴，似用皮革制成，罩于发髻，用带系于颌下；另一种为将军头上所戴，帻上插有一种鸟的羽毛，也称帻。第二类是冠，为骑兵所戴，其形态与汉代的武冠很接近，只是体积较小。第三类从形象上看应该称为帽。第四类是髻，髻的梳法很多。

图3-25为兵马俑中部分秦军的发式及冠式，从左至右依次为带长冠的壮年军官、带长冠的青年军官、梳偏右圆锥式髻的壮年军士或士卒、带冠弁的壮年军士、戴长冠或介帻的青年军士、戴冠弁的青年军士。

图3-26左为秦始皇陵二号坑出土德梳偏右圆髻武士俑头像，中为秦始皇陵一号兵马俑坑中头戴长冠御手俑，右为秦始皇陵三号兵马俑坑中军吏俑发式。

图3-25 兵马俑中部分法式与发冠（一）

图3-26 兵马俑中部分法式与发冠（二）

2.介帻与平巾帻

介帻是一种尖顶、长耳的包头之巾，通常用于文官（图3-27）。平巾帻又称"平巾""平帻""平上巾"，是平顶、短耳的包头之巾，通常用于武士（图3-28）。

这两种巾帻是汉代男子的基本首服，因为身份低微的"卑贱执事"不能戴冠，只能用巾帻束发包头。而身份显贵的官宦要戴冠帽，按照当时规定，也必须先戴上巾帻，然后才能加冠。衬在冠下的巾帻，都有一定的制度，不能随便乱用，如文官戴进贤冠，必须衬介帻，而武官戴武弁大冠时，只能用平巾帻。职官平日燕居，可以免去冠帽而单独戴巾帻。

图3-27 戴介帻的汉代文官

图3-28 戴平巾帻的汉代侍卫

3. 长冠

长冠又称"斋冠"，是一种竹皮冠。据《后汉书·舆服志》称，汉高祖刘邦未发迹时，以竹皮为之，故谓之"刘氏冠"。正因为这种冠帽为高祖早年所造，所以后来被定为官员的祭服，并规定爵非公乘以上，一律不得服用，以示尊敬。长沙马王堆一号汉墓出土的彩衣木俑，头顶大多竖有一块长形饰物，形制如板，前低后高，可能就是这种长冠的模型（图3-29）。

4. 武冠

武冠又名"鹖冠"，为各级武官所戴冠帽。以漆纱为之，其形如簸箕，使用时加戴在巾帻之上。《古禽经》云："鹖冠，武士服之，象其勇也。"这种鹖冠早在战国时期已经出现，相传原为赵武灵王所服用，并用此冠颁赐近臣武将以表勇猛。秦汉沿袭不变，乃用做武士之冠。从文献记载中得知，武士所戴武冠上加鹖尾，而汉代跟随皇帝的侍从以及宫廷侍卫武官的武冠上则插貂尾，并加金铛、蝉纹等装饰，与一般武士以示区别（图3-30）。

图3-29 马王堆汉墓出土木俑长冠　　　　图3-30 汉代武冠

5.獬豸冠

獬豸冠又称"法冠""触邪冠",是指装饰有獬豸之形古代法官所戴的帽子。獬豸,又称任法兽,古代传说中的一种异兽,相传形似羊,青毛,四足,头上有独角,善辩曲直,因而也称直辩兽、触邪。当人们发生冲突或纠纷的时候,独角兽能用角指向无理的一方,甚至会将罪该万死的人用角抵死,令犯法者不寒而栗(图3-31)。所以在古代,獬豸就成了执法公正的化身。作为中国传统法律的象征,獬豸一直受到历朝的推崇。相传在春秋战国时期,楚文王曾获一獬豸,照其形制成冠戴于头上,于是上行下效,獬豸冠在楚国成为时尚。秦代执法御史带着这种冠,汉沿袭秦制并将獬豸冠冠以法冠之名,执法官也因此被称为獬豸,这种习俗一直延续下来。至清代,御史和按察使等监察司法官员一律戴獬豸冠,穿绣有"獬豸"图案的服装。

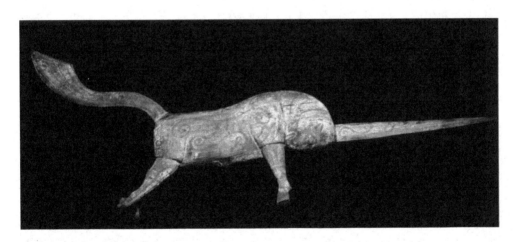

图3-31 汉代獬豸木雕

（二）头饰

秦汉时期人们对头发非常重视（只有重罪才剃光头发），因此从目前所能见的绘画、雕塑等那一时期的人物形象中，我们能看到不同人物发饰都不一样，十分讲究。秦汉发饰主要有堕马髻、步摇、巾帼等，是后代发饰演变的一个重要阶段。

1. 堕马髻

发髻是古代妇女常用的发式之一。所谓发髻，就是将头发挽束，使其盘结于头顶。由于挽束的方式不同，产生的效果也不一样。古人给这些发髻赋予各种不同的名称。如汉代，有"迎春髻""垂云髻""飞仙髻""瑶台髻""盘桓髻""同心髻""倭堕髻"及"百合分髻"等。在这些发髻中，最典型的就是堕马髻了（图3-32）。

堕马髻产生于汉代，其制梳挽时由正中开缝，分发双颞，至颈后集一股，挽髻之后垂至背部，另从髻中抽出一绺朝一侧下垂，给人以落魄之感，似刚从马上堕下，这就是堕马髻的基本特征，也是这名称的来源。它的产生与流行，是由西汉时期的社会风尚所决定的。从出土文物资料来看，堕马髻虽然风靡于一时，但流行的时间并不很长，大约在西汉与东汉交替时期，梳这种发式的妇女逐渐减少，到东汉末年，已基本绝迹。

2. 步摇

步摇是妇女的重要首饰之一。其制以金银丝编为花枝，上缀珠宝花饰，并有五彩珠玉垂下，使用时插于发际，随着行走时步履的颤动，下垂的珠玉便不停地摇曳，故名"步摇"。湖南长沙马王堆一号汉墓出土的帛画上有所反映。画中所绘的一位贵妇，头上就插有一个树枝形的饰物，饰物上缀有多颗小珠，是典型的步摇原形（图3-33）。

东汉以后的步摇形制，都以金玉等物质材料制成树枝的形状，然后在上面缀以花鸟禽兽等装饰从出土的文物看，这些饰物大都出于三国时鲜卑族的活动地区。据史籍记载，这个地区的居民最喜以步摇作为装饰，不仅女子如此，男子也用之。有时还把这种饰物缀在冠上，作为部队的标志，这种冠号称"步摇冠"（图3-34），可见当时流行的程度。步摇这种首饰，到唐代尤为盛行，形制也日趋精美。

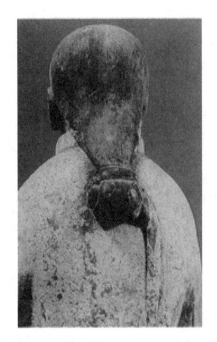

图3-32 汉代堕马髻

图3-33 马王堆帛画中的步摇　　　　图3-34 辽宁出土的西汉金步摇

3. 巾帼

帼，头发上的饰物。巾帼，头巾和头发上的装饰物，是秦汉时期贵族妇女的一种假髻。一般在举行祭祀大典等重要场合才佩戴。其制用金属丝做框架，外裱黑色缯帛，以代替头发，其上还装缀着一些金珠玉翠制成的珍贵首饰，宽大似冠，高耸显眼，使用时直接戴在头顶，罩住前额，围在发际，两侧垂带，结在项中，勒于后脑。先秦时期，男女都能戴帼，用做首饰。到了汉代成为妇女的专用头饰（图3-35）。由于巾帼只用于妇女，故后人引申为妇女的代称。巾帼不易保存，后世早已弃用。长期以来，人们只知此词，从未见过实物。

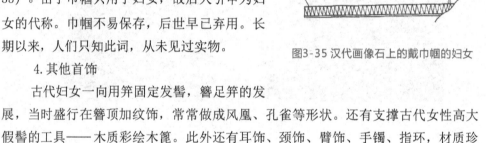

图3-35 汉代画像石上的戴巾帼的妇女

4. 其他首饰

古代妇女一向用笄固定发髻，簪足笄的发展，当时盛行在簪顶加纹饰，常常做成凤凰、孔雀等形状。还有支撑古代女性高大假髻的工具——木质彩绘木笾。此外还有耳饰、颈饰、臂饰、手镯、指环，材质珍贵、工艺精巧的带钩，制作精美的观赏性佩玉等佩饰品。

（三）鞋履

汉代的鞋履与服装一样，也有着一套非常严格的等级规定。男女款式的鞋履差别不大，常见的有歧头履和圆头履两种。歧头履承袭秦代，流行于西汉，两脚不分左右；圆头履圆头翘首，多为门吏和军士所穿。履根据材质主要分为三种：革鞜、丝鞋和麻鞋。

1. 革鞜

革鞜简称"鞜"，又称"革履"，是用皮革制成的一种鞋履。

2. 丝鞋

丝鞋即"丝履""锦履""帛履"等，通常以皮、麻为底，丝帛为面。秦汉时期较为流行，贵贱均可穿之。而用彩锦制作的鞋，多用于贵族。东汉以后其制大兴，尤以妇女所着为多，考究者在鞋面施以彩绣或缀以珠宝。1972年湖南长沙马王堆一号汉墓所出女尸，足上即着有丝履，其制以青帛为面，绛帛为里，底用麻线编织。

3.麻鞋

麻鞋又称"不借"，除单鞋外，还有复底鞋，即舄和屐。屐是用木头制成的，下面有两个齿，形状与今天日本的木屐相似。也有用帛做面的，称作帛屐。屐比舄轻便，多在走长路时穿。妇女出嫁，常穿绘有彩画、系有五彩丝带的屐。

（四）佩饰

1.佩绶

在周代，为标志不同人群等级，周王朝实行了一套等级鲜明的佩玉制度。春秋时期礼崩乐坏，这一套佩玉制度也开始被废弃。尽管社会陷入混乱，但等级制度作为封建社会统治的根基，依然具有很强的生命力。当社会开始趋向稳定，新的等级标志便伴随着新的等级标志应运而生。佩绶制度便是汉代服饰等级制度的一大特色。

佩绶除是一种装饰物外，主要用来区别等级高低和地位尊卑。佩指身上的玉饰，绶是用来悬挂印佩的丝织带子。

由于秦汉时期的官服，款式与服色大体相近，因此仅凭衣着是不能区分等级的，而冠的区分又不十分详细，如文职官的梁冠当时只有三梁、二梁、一梁之分，并不能准确无误地划分等级，而佩绶起到了这一作用。据文献记载：汉朝皇帝佩黄赤绶，长两丈九尺九寸，诸侯、王佩赤绶，长二丈一尺；公、侯、将军佩紫绶，长一丈七尺……由此可见，在区分等级上，它是靠绶带的颜色之别、尺寸长短、质地花色纹样不同来决定的。官职越大，绶的长度越大，颜色也各不同。

所以佩戴组绶便成为汉朝时期的一种礼仪。"组"是一种用丝带编成的饰物，可以用来系腰。"绶"是以丝编成的带子，用来系带官印上的绲带，有红、黄、绿、青、紫、黑等色，所以又称"印绶"。由于印为官员所用，因此印绶如同印一样，成为汉代官员和权力的象征。汉朝制度规定，官员平时在外，必须将官印装在腰间的鞶囊中，将绶带垂在外边。汉代及其后的朝代在处理公务的时候，出现认印绶而不认人的现象，这种以服饰为权力等级象征的现象成为我国服饰文化的一个特点（图3-36）。

2.簪笔

在汉代，官吏上朝奏事必先书写在笏板上，皇帝的旨意或议事的结果也需书于笏板上以备忘，这就要求官员须随身带笔，万一笔无处搁就插于头上耳边一侧的冠内，这就叫作簪笔，因此可见，最初的簪笔是出于实际应用的。到了后来，簪笔开始形成官制，限于御史或文官使用，这一点成为汉时的文官上朝时的特征之一。簪笔制度不仅在汉代十分流行，也影响了其后的许多朝代，但是各个历史时期的簪笔的形式各不相同，但整体看只有汉时为了实用，其他朝代只不过是文官的一种象征。簪笔的方法有立笔、竖笔的不同（图3-37）。

3.香囊

香囊是装有香料的布袋，又称"香袋""香荷包"，具有散香、驱虫、除异味的功能，人们常将香囊佩戴在身上作为装饰物。在很早以前，我们的古代先民就开始使用香料，到了汉代，佩戴香囊已经成为一种十分普遍的风气，无论男女老少，他们的腰部丝带上以及胸前门襟内都会佩戴一两个香囊，也有将香囊放在袖口中的。

制作香囊一般是用用丝织锦和素绢缝制成一个小口袋，上半部分做成一个长方形的领口，中间缝缀一条绢带，下半部分做成圆形囊袋，内装香草或香料。香囊不仅被用来佩戴，常被用来沐浴、熏衣。如此，款式精致、面料华美、精美珍奇的服装便具有了怡人的芬芳，达到了视觉、听觉、触觉、嗅觉的综合享受，这成为我国传统服饰一大特色。

图3-36 佩绶（根据山东沂南出图的汉代画像石绘制）

图3-37 簪笔（根据山东沂南汉墓出图石刻画像绘制）

🐾 第三节
魏晋风度：魏晋南北朝时期的服章

一、魏晋南北朝时期的男子服饰

（一）服装

1.衫、袍

魏晋南北朝时期的汉族男子服饰主要有衫和袍，两者在样式上有明显的区别。照汉代习俗，凡称为袍的，袖端应当收敛，并装有祛口。而衫子却不需施祛，袖口宽敞。

衫在魏晋时期不仅是玄者所穿，而且是上流社会的特征服饰之一，它是在传统的汉服基础上发展起来的。当时的衫与现在的衫不同，其形制与袍相仿，只是袖口不同，口有祛者为袍，无祛者为衫。也就是衫不收袖口，不施祛口，袖口宽敞。《释名·释衣服》称"衫，衣无袖端也"，指的就是袍与衫的区别所在。由于不受衣祛等约束，魏晋时期的服装日趋宽博。上自王公名士，下及黎庶百姓，皆以宽衫大袖、褒衣博带为时尚。我们从传世的绘画作品及出土的人物图像中，都可以看到这种情况。这一风尚成为风俗，并一直影响到南北朝服饰。

为什么魏晋时期流行大袖宽衫，使得上自王公贵族，下至平民百姓普遍喜尚，风行一时？按照鲁迅先生的说法，是和当时的名士喜欢服用一种兼具春药加毒品的"五石散"药有关，此药是由紫石英、白石英、赤石脂、石钟乳、石硫磺5种矿石炼制而成，其主要功能是温腰、治阳痿，也可以使人兴奋，但由于药中含有石硫黄等有毒矿物质，吃下后皮肤会发热，必须"散发"。因此，为了防止皮肤摩擦，非穿宽大的衣服不可。结果，"一般名人都吃药，穿的衣服都宽大，于是不吃药的人也跟着名人把衣服宽大起来了"。同时也和当时的名士，在魏晋玄学、佛教、道教思想影响下，喜欢敞开衣领，袒胸露怀，以表示不受世俗礼教约束的行为有关。

　　图3-38为东晋顾恺之所作的《洛神赋图》。图中所绘洛神形象，无论从发式或服装来看，都是东晋时期流行的装束。男子的服饰更具时代特色，都穿大袖翩翩的衫子。直到南朝时期，这种衫子仍为各阶层男子所爱好，成为一时的风尚。图中侍者多戴笼冠，亦是北朝时期的流行冠式之一。

　　图3-39为唐代阎立本绘的《历代帝王像》，所绘为戴黑色皮弁，穿大襦衫、白罗裙的南朝陈文帝像。

图3-38 洛神赋图（东晋·顾恺之，局部）　　　　图3-39 历代帝王像（唐·阎立本，局部）

　　图3-40为唐代孙位所作的《高逸图》局部。《高逸图》是我国古代人物画中的杰出作品，它虽然出自唐代画家孙位之手，却具有浓郁的魏晋风韵。画中人物盘腿列坐于花毯之上，或戴小冠，或裹巾子，均穿着宽博衫子。每人身旁各立一侍者，也穿宽袖衣衫。人物的装束和生活器具等都是典型的魏晋南北朝形制。

　　图3-41为任夷所作的戴漆纱笼冠、着大袖衫、白纱单衣是这时期男子的主要装束图。着装不为世俗礼节所拘，具塞外风情、西域特色的服饰纹样非常流行，如葡萄纹、狮子纹、卷草纹、莲花纹，忍冬纹等。

　　图3-42任夷所作的魏晋南北朝时期的帝王便服图。图中帝王头戴白纱帽，外着红色宽袖的狐皮大衣（形如大袖衫），毛在外。手执如意或羽毛扇、鹿尾扇，也是南朝时所崇尚的习俗。

图3-40 高逸图（唐·孙位，局部）

图3-41 魏晋时期的男子装束

图3-42 魏晋南北朝时期的帝王便服

2. 裤褶

裤褶亦即"袴褶"，是胡服的一种，原是北方游牧民族的传统戎服。北方民族大多从事畜牧业，习于骑马、涉水，所以其基本款式为上以衣裤为主，上身着大袖衣，下身着绔，称为"绔褶服"，是这个时期最为普及的一种服饰。这里的"裤"是指有裆的、典型的西域风格样式，曾一度对汉族的"袴"（无裆的裤子）有一定影响；这里的"褶"是指上衣。上短衣，下裤，通过与汉、魏、晋文化的相融，形成一种上衣对襟大袖、下裤肥大而且在膝部系带的样式。绔褶的特点不在于其褶而在于其绔，这种绔即《晋书·五行志》所说的"为绔者直幅，为口无杀"，"无杀"即绔口不缝之使窄，故又称大口绔。

这种服装的面料常用较粗厚的毛布来制作。南北朝的裤有大口裤和小口裤，以大口裤为时髦。穿大口裤行动不便，故用锦带将裤管缚住，又称“缚裤”。裤和短上襦合称“襦裤”。只有骑马者、厮徒等从事劳动的人为了行动方便，才直接把裤露在外面，封建贵族是不得穿短衣和裤外出的，到了晋代这种习惯才有所改变。此时，汉族上层社会男女也都穿裤褶，用锦绣织成料等来制作，脚踏长鞠靴或短鞠靴：南朝的裤褶、衣袖和裤管都更宽大，称为广袖褶衣、大口裤。

裤褶因便于骑乘开始为军中之服，后来普及于社会男女皆穿，是魏晋南北朝时期具有代表性的服装（图4-43、图4-44）。在南北朝时期的北方民族和唐朝初期还曾作为朝服使用，南方任官职的人由原来穿袍服与长裙改穿由胡服款式变化而来的礼服。

图3-43 穿裤褶的南北朝男子（北魏彩陶俑）

图3-44 南北朝时期的裤褶

3. 裲裆

裲裆亦作"两当"或"两裆"，为胡服的另一种，是从北方少数民族戎服中的裲裆铠甲演变而来。这种服装不用衣袖，为背心式服装，只有两片衣襟，一片挡胸，一片挡背，故称"裲裆"。因肩部以带相连，又俗称"背心""坎肩"。两裆可保身躯温度，而不增加衣袖的厚度，手臂行动方便。两汉时期仅用做内衣，多施于妇女。南北朝时期则不拘男女，均可穿在外面，成为一种便服。由于裲裆既能保身取暖，又能手臂活动方便，所以在当时十分流行，男女皆穿，是南北朝时期比较典型的服饰之一。后来宋、明、清各代都有所服，只是款式造型略有变化，名称各不相同而已。

图3-45为北齐画家杨子华所绘《北齐校书图》局部。《北齐校书图》所画的是北齐文宣帝等人。图中榻上着纱帔衫子者，内着有襻带的裲裆，这都是南北朝通行的衣着。

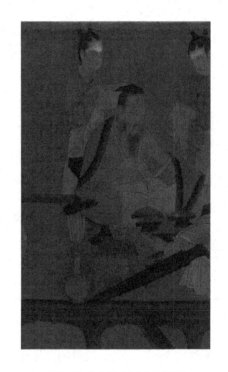

图3-45 北齐校书图中的裲裆

4. 半袖衫

半袖衫是一种短袖式的衣衫。由于半袖衫多用缥色（浅青色），与汉族传统章服制度巾的礼服相违，曾被斥之为"服妖"。后来风俗变化，到隋朝时，"内官多服半臂"。

5.风帽套衣

风帽套衣是北朝时期士庶男子较为流行的服饰。风帽为圆顶，下有垂裙。套衣是一种对襟、窄袖或无袖的披风，穿着时披在肩上，在颔下打结系缚，两袖为虚设。内里穿裤褶，这种风帽套衣在当时男女都可穿用，多在冬季穿着以挡御风寒（图3-46）。

6.戎装

（1）裲裆铠

魏晋南北朝时期的铠甲主要有筒袖铠、裲裆铠和明光铠。"裲裆"有两种含意，一种是指服饰制度中的裲裆衫；一种是指武士穿的裲裆铠，两者的外形大体相同，区别主要在质料上。裲裆衫的材料，通常用布帛，中间纳有丝棉，取其保暖。而裲裆铠的材料则大多采用坚硬的金属或皮革。铠甲的甲片有长条形和鱼鳞形两种，在胸背部分常采用小型的鱼鳞甲片，以便于俯仰活动。为了防止金属甲片磨损肌肤，武士在穿着裲裆铠时，里面常衬有一件厚实的裲裆衫（图3-47）。

图3-48为甘肃敦煌莫高窟壁画。图中有戴兜鍪，穿裲裆铠、着裤褶的武士。

图3-46 风帽套衣（北朝官吏便服陶俑）

图3-47 裲裆铠戴胄箭箙步卒胡人俑

图3-48 莫高窟壁画中的裲裆铠

（2）明光铠

明光铠的胸前和背后加有圆护，因为这
种圆护大多以铜、铁等金属制成，并且打磨得
非常光亮，反射太阳的光辉而发出耀眼的明
光，故而得名。这种铠甲的样式很多，而且繁
简不一，有的只是在裲裆的基础上前后各加两
块圆护；有的则装有护肩、护膝；复杂的还有
数重护肩。身甲大多长至臀部，腰间用皮带系
束（图3-49）。

图3-49 明光铠

（二）首服

1. 漆纱笼冠

汉代的巾帻在此时依然流行，但与汉代略有不同的是帻后加高，体积逐渐缩小至顶，时称"平上帻"或叫"小冠"，南北通行。在这种冠帻上加以黑漆细纱制成的笼巾，即成笼冠，笼冠是魏晋南北朝时期的主要冠饰，男女皆戴（图3-50、图3-51）。

2. 巾

巾或称帛巾，用以束首，始于东汉后期，到了魏晋南北朝时期，打破了冠贵巾贱的传统意识接线，将戴各种巾演绎成为一种时尚。东汉末，张角组织十万民众起义，史称"黄巾起义"，就是因为起义民众以黄巾束首为标志。《晋书》载："汉末，王公名士，以幅巾为雅。"这种风气一直延续到魏晋，之后对唐宋时期男子的首服也有一定影响。先后流行的巾帽有许多种，主要有幅巾、纶巾、角巾、菱角巾、葛巾等。

（1）幅巾

幅巾（图3-52）为古代男子裹头之巾，通常用织物裁成方形，因其长宽与布幅相等，故名"幅巾"。使用时包住发髻，系结于颅后或前额，汉魏以来多为王公大臣所用。

幅巾是用一种质地细密的缣帛丝织物裁成，也叫"缣巾"。与形制烦琐的冠帽相比，缣巾束首要便利得多，故被曹操用做"时服"。由于上层人物都不戴冠帽而裹巾恰，对当时的社会影响很大。

图3-50 漆纱笼冠　　　　　　　图3-51《洛神赋图》中的漆纱笼冠

图3-52 福巾

（2）纶巾

纶巾（图3-53）是幅布的一种，它是用较粗的丝带编成的一种头巾。由于其质地厚实，较适合于头部保暖，故多用于冬季。相传诸葛亮当年在渭滨与司马懿交战，不着胄甲，仅以纶巾束首，指挥三军，纶巾一名，也被尊称为"诸葛巾"。从文献记载来看，古代男子包髻的纶巾，以白色为主，取其高雅洁净。受这种风气的影响，魏晋南北朝的妇女，也喜欢用纶巾包髻，但此时不限于白色。

（3）角巾

角巾也称"垫巾""折角巾"或"林宗巾"。是魏晋南北朝时期隐士常戴的一种有棱角的方头巾。据说这种角巾的出现，与东汉名士郭林宗有关。一日，郭林宗裹巾外出，途中遇雨，头巾被雨淋湿，一角陷下，时人见后感到新奇，纷纷加以模仿，遂成一种风气。图3-54、图3-55为戴角巾的士人。

图3-53 纶巾　　　　　　　　　　　　　　　图3-54 角巾

图3-55 高逸图（唐·孙位，局部）

（4）菱角巾

菱角巾（图3-56）为隐士所戴头巾，这种头巾的款式比较低卑，两端尖锐，因其造型与菱角相似而得名。菱角巾是事先折叠成形，用时直接戴在头上，无须系扎。此巾多在南方流行。

（5）葛巾

葛巾是一种用葛布制成的头巾，其质地纤细，形状如恰。相传东晋名士陶渊明隐居山林，常以此巾过滤美酒，用完之后仍戴在头上。由此，葛巾又有"滤酒巾"之名。由此可见扎巾习俗在魏晋南北朝时期非常流行，尤其是王公名士，都以扎巾为雅。

图3-57为扎巾、穿窄袖袍、着靴、系革带的男子。

图3-58为扎巾、穿窄袖褶裤、着靴的男子。

图3-56 菱角巾

图3-57 北齐壁画，山西太原王家峰徐显秀墓出土

图3-58 北齐壁画，山西太原王郭村娄睿墓出土

（三）鞋履

1.足衣

魏晋南北朝时期把袜子称作"足衣"，其材料一般采用皮革、丝帛等。样式像一只布袋，约一尺多高，袜子上口缝有带子，用来把袜子系结在腿上。因为古人有入门脱鞋的习俗，所以袜子在上层社会中是很重要的服饰佩件。

2.解脱履

解脱履是用丝织材料制作的一种鞋，其样式无跟，不用系带，便于禅坐，类似我们今天的拖鞋。据传为梁武帝所发明。

3.谢公屐

谢公屐亦称"灵运屐""登山屐"，是一种木制的鞋。相传南朝宋人谢灵运喜欢游山玩水，他创制了该鞋。此鞋前后两道屐齿都可以取下，上山时去掉前齿，下山时去掉后齿，这样无论山路如何陡峭，都便于行走。

二、魏晋南北朝时期的女子服饰

（一）服装

服装上承袭秦汉的遗俗，有衫、裤、襦、裙等形制，后逐渐吸收少数民族服饰特色，在传统基础上有所改进，一般上身穿窄袖紧身的衫襦或袄，衣衫以对襟、交领为多。领、袖、下摆缀有不同缘边，款式多为上俭下丰，衣身部分紧身合体，袖口肥大。裙为多折裥裙，裙长曳地，下摆宽松，腰间用一块帛带系扎。北方民族除穿衫裙之外，还有裲裆、绔褶等服饰。裲裆虽多用于男子，但妇女也可穿着，只是初期多穿在里面，后来才逐渐将其穿在交领衫袄之外。

1.深衣

魏晋南北朝时期，传统的深衣已不被男子采用，但在妇女中间却仍有人穿着（图3-59）。此时出现了由深衣演变而来的杂裾垂髾服，这种服装与汉代深衣相比，已有较大的变化，服装上多了襳髾装饰。所谓"髾"，是指一种固定在衣服下摆部位的饰物，通常以丝织物制成，其特点是上宽下尖，形如三角，并层层相叠。襳是指从围裳中伸出的飘带。飘带比较长，走起路来会牵动下摆的尖角，形如燕尾，有很强的动感。到南北朝时，曳地的飘带去掉了，而将尖角加长，飘逸之感依然。

图3-60为顾恺之所作《洛神赋图》图中女子着由深衣演变而来的杂裾垂髾服，腰系围裳，头梳灵蛇髻。

图3-59 杂裾垂髾服

图3-60 洛神赋图中的杂裾垂髾服

2. 襦裙

魏晋南北朝时期的女子服装样式以宽博为主，衣衫以对襟为多。对襟贴袖条纹间色裙是魏晋南北朝时期女子一种常见服装款式（图3-61）。由于战争，使各民族之间文化相互融合。对襟宽袖长裙就是受西域文化影响较大的一款女装，在当时中原地区带有普遍性。其服装造型特点是上衣采用对襟、丝带束腰、衣袖宽大赋有曲线变化、袖口缀有一块不同颜色的贴边，下着条纹间色裙，衣裙之间还穿有一围裳，以便束腰。在敦煌早期壁画中，这种造型服式表现得比较多。除此之外，女子襦裙还多用帔子（图3-62）、绛纱复裙、丹碧纱纹双裙、紫碧纱纹双裙、丹纱杯文罗裙等。可见女裙的制作已经很精致了，质地颜色叶各不相同。

图3-61 对襟贴袖条纹间色裙

图3-62 画像砖中的帔子

（二）发式

假髻又称"假结""假鬓"，以假发做成发髻，供妇人装饰用。古称"编""副"，汉代以后称"假髻"。假髻始于商周，秦汉以后历代不衰。假髻主要分为两种，一种在本身头发基础上增添部分假发而成；另一种内衬金属框架，使用时戴在头顶，无须梳掠。魏晋南北朝时期妇女的发式崇尚高和大。人本身的头发不能满足这种要求，所以只能借助假发来实现。假髻因造型不同，又有不同的名称，主要有蔽髻、飞天髻、灵蛇髻等。

1.高髻

图3-63为东晋顾恺之所作的《女史箴图》(摹本)局部。画面作一贵妇席地而坐，一侍女为其理发梳妆。侍女头梳高髻，上插步摇首饰，髻后垂有一髻。这种发式早在汉代就已经出现，魏晋以后再度流行，成为这时期的主要发型。

图3-64为东晋顾恺之所作的《列女传·仁智图卷》(摹本)局部，画中为梳垂髻高髻者。

图3-63 《女史箴图》中的高髻

图3-64 《列女传·仁智图卷》中的高髻（一）.（二）

第四章 |

服章的互进时代

　　一旦发生服装交会，伴随而来的便是世界范围的更大规模的文化交流与融合。交会是中西方各个国家、各个民族的接触，交流则是相互之间的渗透和互为影响。尽管这种交流是分别由战争、迁徙和友好往来所构成的，但在服装互相促进方面所产生的作用几乎是一致的。在这一历史时期内，世界上大部分地区，发生了翻天覆地的变化，其中发生的重要事件很多。与此相关的是，服装发展突飞猛进。由于各国各民族之间的交往活跃，使服装款式、色彩、纹饰所构成的整体形象日益丰富、新颖、瞬息万变，服装制作工艺水平也大幅度提高。

衣 第一节
社会与文化背景

一、社会背景

服装互进时代是中西服装史上一个波澜壮阔的时代。在前期，有着近千年历史并经由欧亚大陆的丝绸之路曾给人类服装发展带来了意想不到的辉煌。而各国各民族之间你进我退、我进你退的战争局势也促使服装演化基本上呈持续前进且又相对稳定的状态。

中国隋唐时期，南北统一，疆域辽阔，经济发达，中外交流频繁，体现出唐代政权的巩固与强大。丝绸之路贯通欧亚大陆，并结出硕果。西至欧洲波罗的海，东到日本奈良城，经济、文化交流空前活跃，沿途的商人、乐者、驭手、织工乃至学子纷纷加入到络绎不绝的行旅之中。于是，他们每人身上穿戴的服饰，加上囊中装的、手中织的一系列服饰，都使异域人眼界大开。当年，中国首都长安人影如云，各国人士以其着装，使大唐在服装史上占尽风流，形成空前绚丽、辉煌的篇章。

宋代是我国封建社会经济文化在唐这一鼎盛时期之后的一个延续和维持期。虽然宋太祖以"陈桥兵变""杯酒释兵权"来建立并巩固赵家的江山，但最终无力抵抗外族的入侵，用大量的民脂民膏换取暂时的安定，从而导致了当时的农业、手工业、商业、都市经济的发展力度相对减弱，处于唐代顶峰之后的持续下滑阶段。宋代整个社会文化渐渐趋于保守，开始被动地继承前人的传统文化，政治上的保守、"程朱理学"的思想禁锢、对外政策的妥协退让使服饰文化不再艳丽奢华，而是简洁质朴。

与宋同时，一些长年游牧的马上民族开始向宋王朝侵犯掳掠，在屈膝投降也难以换来和平友好的情况下，宋王朝和辽、金两个政权对峙了数百年，最后被蒙古族首领成吉思汗和忽必烈的队伍先后旋风般扫灭。中国的再次统一，是蒙古民族执政的元王朝。蒙元的势力范围并不限于神州大地。这个由中国蒙古族建立的亚洲大帝国东起中国海，西迄东欧，疆域之大，前所未有。这一事件本身即决定了它在服装互进时代后期的作用，尽管从融合形式上看，有着很多不情愿之处。

二、文化背景

隋唐时期，大力尊崇儒学，也提倡道教、佛教。儒、道、佛教成为这一时期的核心思想。作为封建社会统治阶级精神支柱的儒学，则把恪守祖先成法作为忠孝之本，强调衣冠制度必须遵循古法，特别是作为大礼服的祭服和朝服，不能背弃先王遗制，所以叫法服，具有很大的保守性和封闭性。

唐高祖李渊于武德七年(624年)颁布新制度，即著名的《武德令》，其中包括服装的新法令，规定皇帝服装有14类、皇后有3类、皇太子6类、太子妃3类、群臣服装有22类、命妇有6类，各类服装的配套方式和穿用者对象及穿用场合，都有详细说明，形式上比隋朝更富丽华美。在《武德令》推行之后，唐太宗李世民在贞观四年(630年)下诏颁布服色及佩饰的规定，以后又有多个唐朝皇帝颁布相关服饰规定，其中对官服规定具体。这些不断修改完善的服装制度，上承周、汉、魏传统，从服装配套、服装质料、纹饰色彩等方面形成了完整的系列，对后世冠服也产生了深远的影响。

在唐朝以前，黄色上下可以通服，如隋朝士卒服黄。到了唐朝，出现赤黄似日之色、日是帝王尊位的象征的说法，所以规定，除帝王外，臣民不得僭用黄色。于是，从唐朝开始黄色成为皇帝常服专用的色彩，也成为帝王的象征。

两宋时期，出现了以"理学"著称的学派。它是佛教、道教思想渗透到儒家哲学后而产生的一个新儒家学派，因以阐释"义理之性"为主，故称理学，亦称道学或宋学。其中影响最大的是程颢、程颐两兄弟和南宋的朱熹，后世把他们所主张的理论称为"程朱理学"。理学认为所谓的"理"永恒存在、无所不包，先有"理"，然后产生万物，"理"统辖万物。

程朱理学曾一度成为官方哲学，因此也成为人们日常言行、是非的标准。程朱理学促进了宋人的理论思维发展，教育了宋人的知书识礼、陶冶了人们的情操、有力地维护了社会稳定，为两宋社会的发展起到了积极的推动作用。另一方面，程朱理学对中国封建社会后期的历史和文化发展，也产生了一定的负面影响，由于理学发展越来越脱离实际，成为于事无补的空言，成为束缚人们手脚的教条。但是程朱理学"存天理而灭人欲"的思想，对人们的审美、社会心理、民风等诸多方面都产生了深远的影响。在美学上异于唐朝豪华与放纵之风，追求"求正不求奇"，讲究色调单纯、趣味高雅，表现对神、趣、韵、味的追求和彼此的呼应相协调，形成了一代理性之美。

在此审美风格的影响下，宋朝服饰不如隋唐时期奢华、艳丽。宋人追求淡雅、恬静的理性之美，男女服饰风格平静、朴实，宋时期的当政者多次强调服饰要"务从简朴""不得奢靡"。如宋高宗主张："金翠为妇人服饰，不为糜货害物，而奢靡之习，实关风化。已戒中外及下令不许进宫门，今无一人犯者，尚恐市民之家未能尽革，宜申严禁，乃定销金及采捕金翠罪赏格。"宋朝学者也纷纷提倡服饰要简洁、朴实。如袁采在《世苑》一书中对女性着装就提出了"唯务洁净，不可异众"的要求。因此，两宋的服饰风格趋向修长、纤细，朴素无华。

三、服饰特点

隋代在历史上仅存在了38年，其服饰没有太多的创新，主要依汉、魏之旧制。在风格上，隋的前期由于战乱对经济的破坏，服饰趋于俭朴；后期由于经济的好转和江山的统一，服饰风格趋于豪华和完整。

其中，隋文帝厉行节俭，衣着简朴，不注重服装的等级尊卑。但到了隋炀帝时期，则一改其父尚俭之遗风，求奇追丽，制定了严格的服饰等级制度，由此黄色成为皇帝的专用色。

隋炀帝是中国历史上出名的暴君，他的统治激起了大规模的农民起义。当起义蓬勃发展的时候，隋朝的大官僚李渊乘机起兵，并于公元618年在长安称帝，建立唐朝。唐代是我国古代服饰发展的重要时期。

唐代前后共计289年的历史。一般又把它分成四个阶段：自开国到睿宗延和(618—712)为初唐；自玄宗开元到代宗永泰(713—765)为盛唐；自代宗大历到宪宗元和(766—820)为中唐；自穆宗长庆到唐朝灭亡(821—907)为晚唐。在服饰史上，初唐与盛唐风格趋于一致，主要为自由、奔放、积极、活泼的服饰特点。而中唐与晚唐至五代十国其风格另是一番风貌。由于此时期社会中出现了一些不稳定的因素，致使人们压抑、变态的心理在服饰上有所反映，最为明显的是当时的化妆以悲、以怪、以病态为美，服饰也相对趋于拘谨。

总的说来，整个唐代民服没有以往繁多的制度限制，市民服饰在经济允许的情况下都向着优美、华丽方面发展。礼祭之服和朝服经过历代的承袭、演变、发展，再加上唐代的国力雄厚，得到了很大的发展，可以说是承上启下的阶段。

宋代初期，官制、军制、衣冠服饰几乎全部承袭唐代旧制，虽然后来经过几次更变，但没有根本性的变化，只是略有增减损益而已。尽管朝廷规定了服饰的等级制度，但在现实生活中，上自皇帝，下至平民，并没有绝对严格的差别，史称"衣服无章，上下混淆"。宋代整个社会文化渐渐趋于保守，开始被动地继承前人的传统文化，对已成熟的古老文化采取的是多总结、略改良的方针，即使有大的突破和振兴，也都维持时间较短。

宋朝与北邻的少数民族长期战争，使得百姓生活水平较低，无力追求盛唐时的奢华。因此，宋时的各类服饰，比起南北朝和隋唐五代来说要质朴得多。一种保守素雅的服饰风格逐步在中国形成，直接影响了以后各朝代服饰基本形态。这种服饰的变化，也与"程朱理学"统治、思想保守拘谨有重要关系。

宋代统治者的软弱，使政治、经济以及由此而形成的哲学、文艺思想影响着服装的审美要求和服装风格。此时的服饰趋于拘谨、内缩不展、刻板保守，款式花色不十分丰富，色彩也不如唐代时期明快鲜艳，显得典雅质朴、洁净自然、严谨含蓄，形成一种高雅的清淡美。这些不仅与当时的经济和国力有关，更重要的是由当时的政治文化思想决定的。

在中国历史上，辽、金、元都是少数民族统治时期，加起来约460余年，虽然各朝代执政时间都不长，但却给中华民族古老文化注入了新的成分。北方少数民族都是以游牧为主的民族，其文化习俗各具特色，与汉族既有民族的矛盾，又有经济、文化上的交流和服饰上的相互影响，服饰虽然保存一部分汉族形制，但更多体现了少数民族独特的地域服饰特点。

衣 第二节
隋唐丰韵：隋唐时期的服章

一、官服

品官服饰在唐代总的来说有祭服、朝服、公服、章服。唐代各级官职的官服皆以色彩来区分。其服法为：皇帝和皇亲可着用黄色服装，三品以上服紫色，五品以上服朱色，六品为绿色，七品为青色。从此，中国的官服除其他等级标志外又加上了色彩标志，并一直延续下去，冠制与服色共同使用，以别等级。可见，中国的服饰制度自周以来，不是削弱了，而是加强、完备了。因此，什么样的人、什么等级的人、哪一类人必穿什么样的衣已形成了传统，在人们的思想中是根深蒂固的(图4-1)。

唐初，由于制度尚不完备，因而车舆服饰仍沿袭隋朝旧制，直至唐高祖武德四年(621年)，规定了有关上自帝王后妃、下至文武百官及其妻女的服饰制度，甚为完备，服装史上称为"武德令"。"武德令"的形成，是唐朝封建宗法制度的一个重要组成部分。在唐的服制中严格规定：上得兼下，下不得拟上。"武德令"是唐朝统治阶级服饰制度的准则，其影响至宋、明各朝。

图4-1 戴冕冠、穿冕服的帝王

二、男子冠服

（一）圆领袍衫

圆领袍衫，亦称团领袍衫，是隋唐时期士庶、官宦男子普遍穿着的服式，当为常服。唐时庶民男子的袍衫，在结构形式上与秦汉、魏晋各时期有了很大的变化。由于胡服的影响，中国衣冠所固有的褒衣大裙、长裙死履的形式，到隋至盛唐时期已发生了较大的变化。这是外来文化对中原文化影响的必然结果。袍衫的形制变化就很好地说明了这点（图4-2）。

这一时期的袍衫又有襕袍、襕衫和缺胯袍缺胯衫、铭袍与铭衫之分。

①襕袍、襕衫。襕袍、襕衫（图4-3）的特点是：圆领、窄袖，领、袖、襟均没有缘饰，主要为士人之上服，亦可为一般之常服。

②缺胯袍与缺胯衫。所谓"缺胯"是指在袍衫两胯下开"衩儿"的形制，以利于行动。因此，这种袍衫被作为一般庶民或卑仆等下层人的服装。其形制为圆领、窄袖、缺胯，衣长至膝或及踝。穿这种袍衫，一般内着小口裤。劳作时，可将衫子掖于腰间，又称之"缚衫"。

③铭袍与铭衫。铭袍、铭衫，是指在袍衫之上用金银线以回文为纹样绣在袍子上，铭袍的式样是右衽、圆领、大袖、前有鸟兽花纹，背后有铭文。铭袍、铭衫是武则天统治时期实行的官服。

铭袍、铭衫的形制均为右衽、圆领、大袖。

图4-2 唐太宗李世民画像

图4-3 戴硬脚幞头、穿襕袍的士人

前有鸟兽，背有铭文，根据品级高低和文武官职不同而有不同的纹饰和铭文。这种在官服上绣以不同鸟兽纹区别文武，分尊卑的制度，自武则天开始，代代沿袭，至明清两朝，已形成了独特的一种官服——补服。

④裤褶。裤褶形制为短身广袖上衣，时或外加柄裆，下裤宽大，腰系大带，足着翘头履。它原为北方少数民族骑马征战的服饰，发展至唐代成为官员的服装。尤其是盛唐唐玄宗时，百官上朝有不穿裤褶者还要治罪(图4-4)。

在款式上，隋唐的裤褶与魏晋时期的裤褶形制基本相似，只是衽的左右不同。魏晋多为左衽，隋唐多为右衽。另外，魏晋时裤褶是官民通用的服装，至隋唐，已渐为官宦所专用了。因此以后，裤褶已不再为庶民所用，而成为一种特定的官服了。

图4-4 戴冠穿大袖衫和两裆的文吏

（二）首服

1.幞头

幞头，又称袱头，始创于后周武帝，后周以三尺皂绢(皂即黑色)向头后幞发，故称为幞头(图4-5)。唐时期又称"折上巾"，是唐代男子首服的一大特点，开元年间以罗制之，至中后唐始用漆纱裹之。其形式有圆顶、方顶之分，有软裹、硬裹之别。

幞头与幅巾的区别主要在于角上，经过改制加工后的巾帛，四角皆成带状，通常以二带系脑后，余垂之；两带折上系于头顶，以固定发髻和巾子。远远望去，巾形整洁圆滑，后带装饰飘逸，十分美观。幞头的两脚，不同时期也有不同的形制(图4-6)。

幞头、圆领袍衫，下配乌皮六合靴，既洒脱飘逸，又不失英武之气，是汉族与北万民族相融合而产生的一套服饰。

图4-5 戴幞头穿袍衫的官吏

图4-6 穿圆领袍衫、裹软脚幞头的男子

2. 角巾

角巾有白角巾、乌角巾两种，是古代隐士常戴的一种有棱角的头巾，均为纱制，而以色别，尤流行于两晋南北朝时期，至隋唐，则因袭其制。一些隐士、文大夫及乡塾先生亦多戴之，以示风雅。后沿至五代、宋各朝。

3. 纱帽

在唐的首服中还有纱帽。杜佑《通典记》："隋文帝开皇初，尝著乌纱帽，自朝贵以下至冗吏，通著入朝。后复制白纱高屋帽，接宾客则服之。大业年令五品以上通服朱紫，是以乌纱帽渐废，贵贱通服折上巾。"到了唐代，纱帽仍被用作视朝听讼和宴见宾客的首服，在一般儒生隐士之间也广泛流行。纱帽式样由个人所好而定，唯以新奇为尚。

4. 冠式

唐朝时的祭服、朝服中仍保留了汉魏时期的一些冠式，有的略作小动，但整体形制无大的变化，在此不再详述。此外男子的帽式还有帷冒、浑脱帽等。

（三）鞋

自隋代起，北方民族的靴子亦成为隋唐男子青睐的鞋饰。在初唐之后靴子不仅被钦定为宫廷官鞋，还可以着靴入殿。当时制靴以黑色皮革为主，前唐多穿高腰靴，特别是军旅武士全着长靴，到了后唐五代流行短腰靴。除靴外，唐时男子还穿各式履。

隋唐时期开创了鞋业初级阶段。制鞋从家庭自给自足走向商品化市场。为了使商品鞋便于流通，唐代已在鞋履业中开始应用表示脚大小的"鞋号"。唐代之前足衣名称混杂，为了统一名称，唐朝正式用"鞋"统称足衣。

（四）环带与七事

所谓环带，是一种"环"的革带。在这种革带上用玉、金、银、铜、铁或犀角、瑜石等制作的方形装饰物，叫作"銙"。每一銙下附璲，用以佩物，所以把这种带叫作环带。这种带实为胡服鞢"革燮"带的遗制。在隋唐时期，无论是帝王贵臣，还是文武百官、庶民百姓等都用，只是銙的数量和质料不同而已。

唐贞观四年(630年)和上元元年(674年)，朝廷两次下诏颁布关于服色和佩饰的规定，第二次较前更为详细，即："文武三品以上服紫，金玉带十三銙；四品服深绯，金带十一銙；五品服浅绯，金带十銙；六品服深绿，银带九銙；七品服浅绿，银带九銙；八品服深青，鍮石带九銙；九品服浅青，鍮石带九銙；庶人服黄，铜铁带七銙。"

此处需要注意的是，在服黄有禁初期，对庶人还不甚严格，《隋书·礼仪志》载："大业六年诏，胥吏以青，庶人以白，屠商以皂。唐规定流外官庶人、部曲、奴婢服绸、纯、布，色用黄、白，庶人服白，但不禁服黄，后因洛阳尉柳延服黄衣夜行，被部人所殴，故一律不得服黄。"从此服黄之禁更为彻底了。一般士人未进仕途者，以白袍为主，曾有"袍如烂银文如锦"之句，《唐音癸签》也载："举子麻衣通刺称乡贡。"

袍服花纹，初多为暗花，如大科绫罗、小科绫罗、丝布交梭钏绫、龟甲双巨十花绫、丝布杂绫等。至武则天时，赐文武官员袍绣对狮、麒麟、对虎、豹、鹰、雁等真实动物或神禽瑞兽纹饰，此举导致了明清官服上补子的风行。

所谓七事，是指挂在环带上的各种物件。腰挂七事是为了生活之便，也是源于胡人游牧的习俗。这七种物有佩刀、刀子、砺石(磨刀石)、契苾真、哕厥针筒、火石袋等。由于唐朝服饰受胡人影响较深，所以汉人腰系环带、带上佩七事。

三、女子冠服

隋至盛唐时期的女子服装大致可分为三种不同的风格：襦裙服、女着男装、胡服。襦裙服是典型的中原形制；女着男装，虽穿着款式以传统服饰风格为主，但与异邦影响有关；胡服是直接选用外来服饰。

（一）襦裙服

襦裙服主要为上着短襦或衫，下着长裙，佩披帛，加半臂，足登凤头丝履或精编草履。头上花髻，出门可戴幂䍦。

先说襦，唐代女子仍然喜欢上穿短襦，下着长裙，裙腰提得极高至腋下，以绸带系扎。上襦很短，成为唐代女服特点。襦的领口常有变化，如圆领、方领、斜领、直领和鸡心领等。盛唐时有袒领，初时多为宫廷嫔妃、歌舞伎者所服，但是，一经出现连仕宦贵妇也予以垂青(图4-7)。

图4-7 穿大袖纱罗衫、长袖、披帛的妇女

再说半袖长裙。半袖又称"半臂"，是一种从短襦中脱胎出来的服饰。这种半袖和现代的短袖衫相差不多，有对襟和斜襟两种，衫长至腰一般为短袖、对襟，衣长与腰齐，并在胸前结带。除此之外，样式还有"套衫"式的，穿时由头套穿。半臂下摆，可显现在外，也可以像短襦那样束在里面(图4-8、图4-9)。

图4-8 半臂穿戴图　　　　　　　　　　图4-9 襦裙、半臂、披帛女子

（二）女着男装

女着男装，即全身仿效男子装束，成为唐代女子服饰的一大特点。女着男装的特点是：身着窄袖圆领长袍、配腰带、穿长裤及乌皮六合靴。当时的女子与我国封建社会的其他朝代相比，在社会上的活动及作用要积极、活跃得多，郊游与骑马更是一时的社会风尚，所以着男装不仅在民间十分流行，还一度影响到了宫内，贵族妇女也多喜爱着男装(图4-10、图4-11、图4-12)。

图4-10 戴幞头、穿窄袖圆领袍衫的女子

图4-11 穿圆领袍衫的侍女

图4-12 纨扇仕女图

（三）胡服

唐代所谓的"胡服"，指的是西域地区的少数民族服饰和印度、波斯等外国服饰。胡服的形制包括：锦绣饰玉浑脱帽、翻领窄袖衫袍、条纹小口裤和透空软锦靴，腰系蹀躞带。唐时的妇女佩以此装束大有矫健英武、跃马扬鞭之势（图4-13）。

浑脱帽是胡服中首服的主要形式。纵观唐代女子首服，在浑脱帽流行之前，曾经有一段改革的过程，初行幂䍦，复行帷帽，再行胡帽（图4-14、图4-15）。

除上述三种主要服装外，唐代女子还有回鹘装（图4-16）。

图4-13 穿胡服的女子

图4-14 戴帷帽的女子
（新疆吐鲁番阿斯塔那出土彩绘陶俑）

图4-15 唐代胡舞女俑

图4-16 回鹘装

（四）披帛、女鞋

　　隋唐妇女多用披帛。披帛是一种长围巾，多以丝绸裁制，上面印画纹样，一般披在女子肩背上，花色和披戴方式很多。披帛又分两种：一种横幅较宽，长度较短，多为已婚妇女所用；另一种长度可达2m以上，多为未婚女子所用(图4-17)。

图4-17 穿襦裙、披帛的女子

　　唐朝女子在披帛时方式很多，有的将其两端垂在手臂旁，一头垂得长些，一头垂得短些；有的将其右边一头束在裙子系带上，左边一头由前胸绕过肩背，搭着左臂下垂，还有的将其两端捧在胸前……披帛会随女子行动时而飘舞，非常优美。

　　由于唐朝时期文化经济的大融合，唐朝与西域地区在服饰方面的往来交织更为密切。唐代、西域女子的鞋履样式形制更为鲜明，唐代女子穿着的鞋有麻、蒲、皮等多种质地。同时又可分为高头和平头两种形制并有着地位卑贱之区分。《旧唐书·舆服制》中载："武德来，妇人著履规制亦重。又有线靴。开元来，妇人们著线鞋，取轻妙便于事。侍儿乃著履。"

（五）发式与面靥

在历代妇女的发型中，唐代妇女的发髻式样最为新奇，既有对前代的传承，又有在传承基础上的刻意创新。唐代妇女发型有继承隋代但更为高耸，呈云朵型的平顶式（将头发层层堆上，如帽子状），唐高祖时期的半翻髻、反绾髻、乐游髻，唐玄宗时期的双环望仙髻、回鹘髻、愁来髻，唐德宗时期的。归顺髻、闹扫妆髻等。髻发之上又以各种金玉簪钗、犀角梳篦、鲜花和酷似真花的绢花等作为点缀（图4-18）。这些除在唐仕女画中得以见到以外，实物则有出土的金银首饰和绢花。

图4-18 唐代妇女发式

李白《宫中行乐词》中："山花插宝髻。"由此可见，花髻在唐时期颇受女子喜爱。花髻，顾名思义即是一种将各种鲜花插于发髻之上作为头饰的发髻式样。唐代妇女喜欢面妆，妆容奇特华贵，变幻无穷，唐以前和唐以后均未出现过如此盛况。如面部施粉，唇涂胭脂，见元稹诗"敷粉贵重重，施朱怜冉冉。"根据古画或陶俑面妆样式，再读唐代文人有关诗句，基本可得知当年面妆概况。如敷粉施朱之后，要在额头涂黄色月牙状饰面，卢照邻诗中有"纤纤初月上鸦黄"，虞世南诗中有"学画鸦黄半未成"等句。

唐代的化妆也很有时代特色，并且种类繁多，十分丰富。据考证：唐女子面部化妆的顺序一般是：敷铅粉（打粉底）、抹胭脂（上腮红）、涂鹅黄、画黛眉（描眉）、点口脂（涂口红）、描面靥（点酒窝）、贴花钿（贴图案）。面部化妆颜色以粉白、胭脂为主，也有用黄妆的，还有用红妆的。

各种眉式流行周期很短，据说唐玄宗曾命画工画十眉图，有鸳鸯、小山、三峰、垂珠、月棱、分梢、涵烟、拂云、倒晕、五岳十种。从画中所见，十种眉型也确实大不相同，想必是拔去真眉，而完全以黛青画眉，以赶时兴（图4-19）。

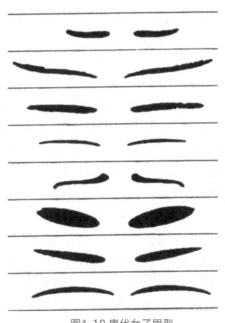

图4-19 唐代女子眉型

眉宇之间，以金、银、翠羽制成的"花钿"是面妆中必不可少的，温庭筠诗"眉间翠钿深"及"翠钿金压脸"等句道出其位置与颜色。这在王建的诗中也记得十分详细："腻如云母轻如粉，艳盛香黄薄胜蝉。点绿斜嵩新叶嫩，添红石竹晚花鲜，鸳鸯比翼人初贴，蛱蝶重飞样未传，沉复萧郎有情恩，可怜春日镜台前。"这诗句中可以体会到当时花钿的视觉效果，从而知道花钿的质地是薄而轻的，色是腻而艳的，样式有鸟、虫、花叶等（图4-20、图4-21、图4-22）。

图4-20 靥妆女子　　　　　　图4-21 鹅黄妆女子　　　　　　图4-22 面靥妆女子

另有流行一时的梅花妆，传南朝宋武帝女寿阳公主行于含章殿下，额上误落梅花而拂之不能去，引起宫女喜爱与效仿，因而，亦被称为"寿阳妆"。太阳穴处以胭脂抹出两道，分在双眉外侧，谓之"斜红"，传说源起于魏文帝曹丕妃薛夜来误撞水晶屏风所致。面颊两旁，以丹青朱砂点出圆点、月形、钱样、小鸟等，两个唇角外酒窝处也可用红色点上圆点，这些谓之妆靥。

以上仅是唐代妇女一般的面妆，另有别出心裁者，如《新唐书·五行志》记："妇人为圆鬟椎髻，不设鬓饰，不施朱粉，唯以乌膏注唇，状似悲啼者。"诗人白居易也写道："时世妆，时世妆，出自城中传四方。时世流行无远近，腮不施朱面无粉。乌膏注唇唇似泥，双眉画作八字低，妍媸黑白失本态，妆成尽似含悲啼"（图4-23）。

2. 帷帽

帷帽又称席帽，是一种高顶宽檐的笠帽，在帽檐周围或两侧缀有一层网状面纱，下垂于颈，网帘上还常加饰珠翠（图4-25）。《旧唐书·舆服制》中载："永徽之后，皆用帷帽，拖裙到颈，渐为浅露……"

帷帽早先为西域地区的服饰。帷帽在我国民间初行时，曾受到过朝廷的干预，其原因是"过为轻率，深失礼容"，可是它却能充分显示唐代西域女子所独有的高雅庄重的气质和多姿多彩的风貌，因此在民间与上层妇女中很快流行起来，其势头已无法改变。这深刻地反映了唐时的社会风尚以及妇女们敢于冲破封建礼教束缚的心态。

图4-23 朱钿上加绘彩花
(唐代绢画《树下美人》局部，新疆阿斯塔那出土)

图4-24 幂䍦

图4-25 帷帽

图4-26 胡帽

3. 胡帽

至唐玄宗开元年间，胡服之风盛行，帷帽之制又被新的潮流——胡帽所淹没。开元盛世，妇女们干脆去除帽巾，露髻出行，或仿效男子和胡人裹幞头和戴状奇艳丽的胡帽。胡帽因源于西域和吐蕃各族，状式新颖多变，有的卷檐虚顶，有的装有上翻的帽耳，并加饰鸟羽，有的在帽檐部分饰以皮毛等。此外，若出门远行，还戴风帽，以避风尘。

所谓胡帽，即西域地区引进的浑脱帽(图4-26)。这种帽子一般多用较厚的锦缎制成，也有用"乌羊毛"制成的，帽子的顶部略成尖状，上面绣满花纹，有的上面还镶嵌着各式珠宝。这种帽流行的时问并不太长，大约结束在天宝初年。

四、军戎服装

军戎服装的形制，在秦汉时已经成熟，经魏晋南北朝连年战火的熔炼，至唐代更加完备。如铠甲，《唐六典》载："甲之制十有三，一曰明光甲，二曰光要甲，三曰细鳞甲，四曰山文甲，五曰乌锤甲，六曰白布甲，七曰皂绢甲，八曰布背甲，九曰步兵甲，十曰皮甲，十有一曰木甲，十有二曰锁子甲，十有三曰马甲。"又记："今明光、光要、细鳞、山文、乌锤、锁子皆铁甲也。皮甲以犀兕为之，其余皆因所用物名焉。"由此看来，唐时铠甲以铁制者最多，其他所谓犀兕制者，可能是水牛皮为之，另有铜铁合金质和布、木甲等。从历史留存戎装形象来看，其中明光铠最具艺术特色。这种铠甲在前胸乳部各安一个圆护，有些在腹部再加一个较大的圆护，甲片叠压，光泽耀人，确实可以振军威，鼓士气。戎装形制大多左右对称，方圆对比，大小配合，因此十分协调，突出了戎装的整体感。铠甲里面要衬战袍，将士出征时头戴金属头盔谓之"兜鍪"，肩上加"披膊"，臂间戴"臂韝"，下身左右各垂"甲裳"，胫间有"吊腿"，下登革靴。铠甲不仅要求款式符合实战需要，而且色彩也要体现出军队的威力与勇往直前的精神(图4-27)。

图4-27 穿铠甲的三彩武士俑

衣 第三节
宋境宋服：宋代时期的服章

宋朝至元朝这四百余年中，中国汉族人与契丹、女真、党项、蒙古族人各自为捍卫其领土与主权或是企图扩张统一中华而展开殊死的搏斗，从而产生了许多名垂千古的民族英雄。包括服饰文化在内的各族人民之间的交往也非常频繁。在对外贸易上，宋元较之唐代为盛，其中主要贸易国以阿拉伯诸国、波斯、日本、朝鲜、印度支那半岛、南洋群岛和印度等国为主。宋人以金、银、铜、铅、锡、杂色丝绸和瓷器等，换取外商的香料、药物、犀角、象牙、珊瑚、珠宝、玳瑁、玛瑙、水精（晶）、蕃布等商品，这对中国服装及日用习尚产生了很大影响。

一、男子冠服

宋代除冕服和朝服外，衣裳之制很少有人穿着上衣下裳的，只有文人士大夫阶层偶尔把上衣下裳之制作为野服而穿着。这是对中国上衣下裳传统的一种继承，当然不会有革带、佩绶和蔽膝。至于一般平民，大多以襦裤、衫袄为主。

宋代男子衣的总特点为圆领、大襟，袖的大小、宽窄各有不同。其衣摆长度从腰身至踝部长短不一。整体感觉为朴素、简洁，其颜色多为浅淡之色。

（一）袍

宋时的袍有大袖宽身和窄袖紧身两种。上流社会用锦作面料称为锦袍，尚未有官职的男子则穿白袍，平民百姓穿布袍。唐有缺胯袍、缺胯衫，宋代承袭其制，但在式样和名称上都略有差异，宋代缺胯衫叫"四䙆衫"，缺胯袍叫"四䙆袍"。式样不同之处在于宋代是圆领，右衽，且有大袖广身和窄袖紧身两种。

（二）衫

"衫"为宋代男子所穿用。衫有衬在里面短小的衫，也有穿在外面比较长的衫。衫又分为凉衫、紫衫、白衫、毛衫等。外穿宽大的衫叫"凉衫"，色白的衫叫"白衫"，深紫料的衫叫"紫衫"。士大夫用衫有记载"紫衫非公服，特小衫也"。因此紫衫又为"窄衫"，为军戎服（图4-28）。

宋代男子服装主要为襕衫。所谓襕衫，即无袖头的长衫，上为圆领或交领，下摆一横襕，以示上衣下裳之旧制（图4-29）。襕衫在唐代已被采用，至宋最为盛行。其广泛程度可为仕者燕居或低级吏人服用。一般常用细布，腰间束带。也有不施横襕者，谓之直身或直裰，居家时穿用取其舒适轻便。

图4-28 戴纱帽、穿大袖衫的士人

图4-29 穿襕衫的男子（梁楷《八高僧故实图》局部）

（三）短褐、褐衣

另外关注一下劳动者服式，劳动人民服式多样，但大都短衣、窄裤、缚鞋、褐布，以便于劳作。短褐是一种又短、布又粗陋的粗糙之衣，为一般贫苦的广大民众所穿。因为它身窄、袖小，所以又称筒袖襦。

褐衣一般是指不属于绫罗锦一类的衣料。亦有用麻或毛织物制成的，其形制也不像短褐那样短且窄，是一种宽博之衣，为道家所服用，当时的文人隐士大多着此类服饰。

（四）首服

1.幞头

唐人常用的幞头至宋已发展为各式硬脚，其中直脚为某些官职朝服，其脚长度时有所变。幞头内衬木骨，或以藤草编成巾子为里，外罩漆纱，做成可以随意脱戴的幞头。并且幞头的两脚伸展加长，已完全脱离了巾帕的形式，纯粹成了一种帽子，称长翅幞头，也称长翅帽(图4-30)。

两边直脚甚长，或为宋代典型首服式样，有"防上朝站班交头接耳"之说，不一定可信，我们可以将它作为一种冠式来辨认宋代服饰形象(图4-31)。另有交脚、曲脚，为仆从、公差或卑贱者服用。高脚、卷脚、银叶弓脚，一脚朝天一脚卷曲等式幞头，多用于仪卫及歌乐杂职。另有取鲜艳颜色加金丝线的幞头，多作为喜庆场合如婚礼时戴用。南宋时即有婚前三日，女家向男家赠紫花幞头的习俗。

图4-30 戴软脚幞头、穿圆领袍衫的官吏　　　图4-31 戴直脚幞头、穿圆领襕衫的皇帝

2. 幅巾

宋代文人平时喜爱戴造型高而方正的巾帽，身穿宽博的衣衫，以为高雅。由于幞头实际上已变成了帽子，并成为文武百官的规定服饰，所以一般文儒士人、竹林雅士又重新戴起了古制的幅巾，并以裹巾为雅(图4-32、图4-33)。到了南宋，戴巾的风气更为普及，就连朝廷的高级将官也以包裹巾帛为尚，而冠帽之制渐渐衰退。

3. 帽

一般来讲，以帛冒首，所以叫作帽。明人李时珍说："圆者为帽。"所以帽顶大多是圆的。帽又有帽檐，宋时有的帽檐尖而如杏叶，后面短檐才二寸左右。用幞头光纱做的称之为京纱帽。到庆历之后用南纱做的称之为翠纱帽。

图4-32 幅巾束首的将官

图4-33 幅巾

二、女子冠服

（一）襦

宋代袄襦的样式与前代相比，腰身和袖口都比较宽松，以质朴、清秀为雅，通常采用低纯度色，如绿、粉、银灰、葱白等，或素或秀。

（二）褙子

褙子以直领对襟为主，前襟不施襻纽，袖有宽窄二式，衣长有齐膝、膝上、过膝、齐裙至足踝几种，长度不一。另在左右腋下开以长衩，似有辽服影响因素，也有不开侧衩者。早期穿着时系大带，以后改为穿时不系带，再加上侧衩很高，行走时随身飘动，任其露出内衣，又有几分动人，这是唐代风格和西域影响的遗痕。由于侍女经常穿着这种衣服侍立于主人的背后，因此得名"褙子"。

宋时，上至皇后贵妃，下至奴婢侍从、优伶乐人及男子燕居均喜欢穿用，取其既舒适合体又典雅大方(图4-34)。

图4-34 穿背子的妇女

图4-35
穿襦裙半臂、披帛、梳朝天髻的女子

（三）半臂、褙心

地位卑下的妇女还有半臂、褙心等服饰（图4-35），两者样式基本相同，其形由军服演变而来。通常为对襟式，半臂有袖而短；褙心则无袖。以后，也有部分贵族妇女模仿穿着的。

（四）抹胸与裹肚

抹胸与裹肚主要为女子内衣。二者比之，抹胸略短似今日乳罩，裹肚略长，似农村儿童所穿兜兜。因众书记载中说法不一，如古书中写为"抹胸"，尚有抹胸外服之说，可以确定的是这两种服式仅有前片而无完整后片。以《格致镜原·引古月侍野谈》中记"粉红抹胸，真红罗裹肚"之言，当是颜色十分鲜艳的内衣。

（五）裙

宋时妇女的下身多着裙，还保留着晚唐和五代的风格，"石榴""双蝶""绣罗"等裙式，屡见于宋人的诗文中。裙幅多在六幅以上，中施细裥，多如眉皱，称"百叠""千褶"，为后世百褶裙的前身。裙式修长，裙腰自腋下降至腰间的服式已很普遍。腰间系以绸带，并佩有绶环垂下。"裙边微露双鸳并""绣罗裙上双鸾带"等都是形容其裙长与腰带细长的诗句。

（六）裤

中国汉人古裤无裆，因而外着裙，裙长多及足，劳动妇女也有单着合裆裤而不着裙子的，应为之裈。宋代风俗画家王居正曾画《纺车图》，图中怀抱婴儿坐在纺车之前少妇与撑线老妇，皆着束口长裤。所不同的是，老妇裤外有裙，或许是因为劳动时需要便利，因此将长裙卷至腰间。这种着装方式在非劳动阶层妇女中基本没有（图4-36）。

图4-36 卷起裙子、穿长裤劳动的妇女

（七）首服

宋时女子的首服，将发式、冠式和首饰配套使用，这是宋时女子头部的特点。

当时妇女为了梳成各种发式和戴出新异的首饰，往往花费大量的时间和金钱（图4-37）。

图4-37 "冠梳" 的女子

图4-38 戴花冠的宫女

①珠冠。用各式珠子装缀于冠上或者缀于簪、钗、花钿间。

②团冠。据《麈史·礼仪》中说，仁宗时妇人"冠服涂饰，增损用舍，盖不可名记"，禁用鹿胎、玳瑁后，有为假玳瑁形者，角长二三尺，登车檐皆须侧首而人；俄又编竹为团，谓之"团冠"。

③高冠。宋代沿袭五代之风，尚高冠、高髻。"门前一尺春风髻"就是对此冠的形容。

④盖头。唐代女子骑马远行，为了防止风沙，曾戴帷帽、皂罗，通常以方幅紫罗障蔽其上半身。宋人认为这就是宋代的"盖头"。其作用与帷帽相仿。这也是古时女子出门必遮其面的遗制，其式亦有说如后世迎亲是幂其首者。

⑤花冠。用罗绢通草装饰的冠状饰物，古称"花冠"（图4-38）。

（八）缠足与鞋

缠足（图4-39）又称裹脚、缠小脚，是中国汉族20世纪初以前的一种风俗。女子自幼儿期时以布紧缠双足，使足骨变形，足形尖小，行路只能以足跟勉强行走。古时以女子小脚为美，但自清朝末起，此习俗逐渐消失。中国古代女子缠足兴起于北宋，五代以前中国女子是不缠足的。缠足在宋代的兴起不是偶然的，理学的盛兴、孔教的森严，视女子出了大门为不守妇道，所以小脚正好合适。当时丈夫逝世，妻子绝对不能再嫁，"饿死事小，失节事大"。缠足不仅影响人的正常发育、损害人的正常功能，而且只能勉强行走。缠足在宋代得以发展，并影响了以后各代，直至民国初期。

另外，缠足的所谓另一美学作用是，缠足后，由于脚部变小，走起路来必须加大上身的相应摆动以求得平衡，这使女子更加婀娜多姿。同时由于缠足使女子在站立或行走时显得更加弱不禁风，正好迎合当

图4-39 缠足的女子

时男子对女子的审美要求。

由于缠足，宋时女子穿靴的已不多见，而小脚此时穿的多为绣鞋、锦鞋、缎鞋、凤鞋等，而且鞋成了妇女服饰装饰的重点，以显示其秀弱的小脚，因此鞋上带有各式美丽的图案。

三、品官服饰

宋时由于理学的影响，其官服不但有复古之制，而且也作了十分具体的规定。聂崇义的《三礼图》更是作为维护封建统治，宣扬封建道德观念的典范被钦定为朝廷官服的蓝本。宋朝的品官服饰分祭服、朝服(图4-40、图4-41)、公服(图4-42)、时服、戎服几类。宋代品官服饰，由于寻旧和理学思想的统治，其朝服的种类繁多，集历代之所有而共用于一身，周身上下皆是等级标志，等级森严，礼制繁琐，桎梏比比皆是，郑重威严中带有几分室闷。

需要单独说明的是，依宋代制度，每年必按品级分送"臣僚祆子锦"，共计七等，给所有高级官吏，各有一定花纹。如翠毛、宜男、云雁细锦，狮子、练雀、宝照大花锦，另有毯路、柿红龟背、锁子诸锦。这些锦缎中的动物图案继承武则天所赐百官纹绣，但较之更为具体，为明代补子图案确定了较为详细的种类与范围。

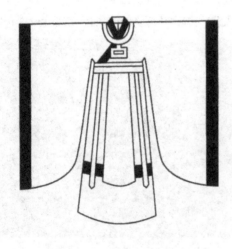

图4-40 绛纱袍、方心曲领展示图

图4-41
戴通天冠、佩方心曲领的皇帝

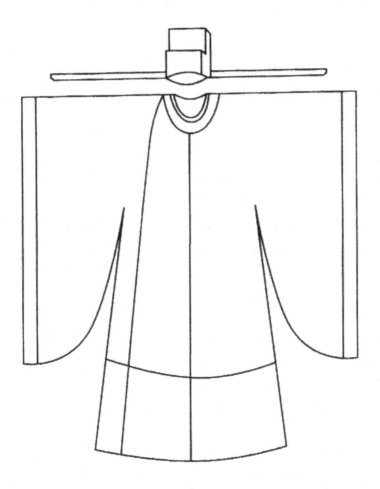

图4-42 公服

衣 第四节
胡汉融合：辽金夏元时期的服章

一、辽——契丹族服装特色

（一）官服

契丹族是生活在中国辽河和滦河上游的少数民族，从南北朝到隋唐时期，契丹族还处于氏族社会，过着游牧和渔猎生活。

据《辽史·百官志》记载："至于太宗，兼制中国，官分南、北，以国治契丹，以汉制待汉人。"辽从辽太祖算起统一政权218年。辽太宗入晋以后，受汉族文化影响，服饰制度分为两种，北官仍用契丹本族服饰，南官则承继晚唐五代遗制。常服也分为二式：皇帝及南班臣僚服汉服，皇后及北班臣僚服国服，以示区别(图4-43)。

辽代北官以契丹制治理契丹，所着服装以辽代长袍为主。贵族阶层的长袍大多比较精致，通体平锈花纹。

辽代南官以汉族制度治理汉族，所着服装为汉制衣饰，又为"汉服"，也称"南班服饰"。它与契丹族的"国服"（或称"北班服饰"）有所不同。这种服饰不仅百姓可穿，汉族的官吏也同样可以穿。腰带有蹀躞带，本为胡制。带间有环，用作佩挂各种随身应用的物件，如弓、箭、算囊、刀、砺石等之类。在其他民族也有用蹀躞带的。

图4-43 辽代圆领袍服

契丹族服装一般为长袍左衽，圆领窄袖，下穿裤，裤放靴筒之内。女子在袍内着裙，亦穿长筒皮靴。因为辽地寒冷，袍料大多为兽皮，如貂、羊、狐皮等，其中以银貂裘衣最贵，多为辽贵族所服。

（二）巾帽和发式

辽国的巾帽制度与历代有所不同。据当时的史志记载，除皇帝臣僚等具有一定级别的官员可以戴冠外，其他人一律不许私戴，巾裹制度也是如此。中小官员及平民百姓只能科头露顶，即使在冬天也是如此。而男子的发式按契丹族的习俗，多作髡发。其式样一般是将头顶部分的头发全部剃光，只在两鬓或前额部分留少量余发作为装饰，有的在额前蓄留一排短发，有的在耳边披散着鬓发，也有的将左右两绺头发修剪整理成各种形状，然后下垂至肩(图4-44)。不同年龄有不同发式。

女子少时髡发，出嫁前留发，嫁后梳髻，除高髻、双髻、螺髻之外，亦有少数披发，额间以带系扎。较多的是一块帕巾。皇后小祀时也是这种装束。

图4-44 契丹男子髡发

（三）男女服装

契丹族的男女服装以长袍为主，上下同制。其特征主要为：左衽、圆领、窄袖。袍上有疙瘩式纽襻，袍带于胸前系结，然后下垂。颜色一般比较灰暗，有灰绿、灰蓝、赭黄等多种，其衣纹也比较朴素。从形象资料上看契丹族的男子服饰在长袍里还有一件衬袄，露领子于外，颜色较外衣为浅，有白、黄、粉绿、米色等。下穿套裤，裤腿塞进靴子以内，上系带子于腰际。

契丹族女子之服，其上衣叫作团衫，颜色有黑、紫、绀、诸色，服式作直领或左衽，前垂地，而后长曳地尺余，双垂红黄带。妇人所束的裙子多为黑紫色上绣以金枝花，足蹬皮靴。

契丹族妇女凡仕族之家，在家时皆髡首，到出嫁时才留发；在面部常涂金色，叫作佛妆。

二、金——女真族服装特色

金属女真族自太祖建国，前后经历了117年。几代服饰基本保留了女真族服的特点。由于金人的习俗是死后火葬，所以现存的实物几乎无几，本节所讲的主要以文字记载和画类作为依据。

从古籍中有关服饰的记载来看，女真族和契丹族的服装有些相似之处，如左衽、衣皮、窄袖、登靴等。服饰等级不分明，没有严格的规定，服饰简练而朴实。自金人进入黄河流域以后，注重服饰礼仪制度，吸取宋宫中的法物、仪仗等，从此衣着锦绣，一改过去的朴实，后来逐步在重大朝会典礼时服饰都习用汉族服饰文化传统。但发式却不相同。女真族男人讲究剃去顶发，再将后脑部位的头发掺入丝带，编成辫子，垂搭于肩背（图4-45）。自灭辽又入宋境后，有裹逍遥巾或裹头巾的，各随其所好而裹用。

金代百官常服，盘领而窄袖，在胸膺间或肩袖之处饰以金绣花纹，以春水秋山活动时的景物作纹饰。头裹四带巾，即方顶巾。用黑色的罗、纱、顶下二角各缀两寸左右的方罗，长七寸，巾顶中加以顶珠。足着马皮靴。从文献记载中，可以把金代男子的常服分为四部分，即头裹皂角巾，身穿盘领衣，腰系吐骼带，脚蹬马皮靴（图4-46）。

图4-45 穿皮衣、戴皮帽、蹬革靴的男子

图4-46 圆领窄袖袍服展示图

　　金代女子着团衫，直领而左衽，在腋缝两旁作双折裥，下穿襜裙，前长至地、后裙拖地尺余，腰系红黄巾带，花式颜色都承辽制，在襜裙中以铁丝圈为衬，使裙摆丰满蓬起来。虽然和汉族装束有一定差异，但从式样宽大的女服可看出女真族已逐渐失去其游牧民族的特性（图4-47）。

图4-47 穿皮衣、戴皮帽、佩云肩的妇女

三、西夏——党项族服装特色

西夏是由党项族建立的王朝。党项族是羌族的一支，带有鲜卑的血统。西夏国以党项族为主体，包括汉族、回鹘族与吐蕃族等民族，主要位于河西走廊与河套地区。1038年李元昊称帝建国，1227年亡于蒙古。皇帝、文官与武官的服装有等级规定，平民百姓只准穿青绿色衣服，贵贱等级分明。

一般人戴巾帽，穿圆领袍，如图4-48，供养人腰裹捍腰，系带。同时，西夏长期向辽称臣并进贡，其服饰也颇受辽的影响。如图4-49，官员戴幞头，穿圆领袍，与汉人服装近似。

图4-48 榆林窟29窟西夏男供养人　　图4-49 武威西夏二号墓木版画

　　党项的先民是西羌，羌族发俗披发或辫发。榆林窟29窟可以看到党项的传统发型。其前额有刘海，将头发于头部两侧梳成鸟翅形，并在脑后编为辫子，结为两个环。1033年，李元昊下秃发令："先自秃其发，然后下令国中，使属番遵此，三日不从，许众杀之。于是民争秃其发，耳垂重环以异之。"其后党项人也开始髡发（图4-50、图4-51）。

图4-50 榆林窟29窟西夏供养人　　　　　图4-51 榆林窟29窟西夏供养人

西夏妇女多披发，或裹高髻。图4-52中的西夏妇女沿用游牧民族常见披发发型，穿交领长袍，两侧开长衩。

西夏男子也披发，如图4-53，还有在头的两侧做出翘起状，如牛角形的发式，余发编成辫环，垂在脑后两侧。一般人的服饰很简单，穿圆领长袍，腰间系带。

图4-52 武威西夏二号墓木版画

图4-53 武威西夏二号墓木版画

四、元——蒙古族服装特色

元代是中国历史上民族融合的时代，服装服饰也充分体现了这一特点。从当时有关资料记载来看，元人大有仿效汉族贵族服饰的，有随意使用龙凤图案的现象。元代平民男子服装以长袍为主，元代汉族女子仍穿襦裙或背子，由于蒙古族的影响，男女服装的样式也有所变化，有时也用左衽，女服的色彩也比较灰暗（图4-54）。

图4-54 穿胡服的骑士　　　　图4-55 质孙服

蒙古族男女服装均以长袍为主，样式较辽的服装更为宽大。虽入主中原后称元，但服装制度不是很规范，仍允许汉服与蒙服同存。男子平日燕居喜着窄袖袍，圆领，宽大下摆，腰部缝以辫线，制成宽围腰，或钉成成排纽扣，下摆部折成密裥，俗称"辫线袄子""腰线袄子"等。这种服式在金代时就有，焦作金墓中有形象资料，元代时普遍穿用。具体来分，蒙古人的袍服可分为以下几种。

①质孙服。"质孙服"（图4-55），又称"一色衣"，上衣连下裳上紧下短的服装样式。它有上下级和质地的区别，即可由天子和百官穿着，又可由乐工和卫士穿着，还可作为戎服便于乘骑。

②辫线袄。辫线袄的样式为圆领、紧袖、下摆宽大、折有密裥，另在腰部缝以辫线制成的宽阔围腰，有的还钉有纽扣，俗称"辫线袄子"，或称"腰线袄子"。

③比甲。比甲是一种无袖、无领的对襟两侧开又及至膝下的马甲，其样式较后来的马甲要长，一般长至臂部或至膝部，有些更长，离地不到一尺。这种衣服最初是蒙古人穿戴的。据《元史》中载："又制一衣，前有裳无衽，后长倍于前，亦去领袖，缀以两襻，名日'比甲'，以便弓马，时皆仿之。"

④比肩。比肩是一种有里有面的较马褂稍长的皮衣，元代蒙古族人称之为"襻子答忽"。

元代入关之前一直沿袭蒙古族的披发椎髻，冬戴帽，夏戴笠习俗。上自皇帝下至百姓都"婆焦"，它像汉族儿童留的三搭头，即在头顶正中交叉剃出两条直线，然后把脑后四分之一头发剃去，正面四分之一剃去或剪成不同的样式，有尖角形、寿桃形，覆盖在前额，把左右两侧的头发编成辫子或披在肩上，可阻挡两旁斜视的视线，使人不能狼视，又称"不狼儿"。此外男子的帽式还有戴瓦楞帽、棕帽及笠帽（图4-56）。

图4-56 戴瓦楞帽、剃"三搭头"的男子

图4-57 戴瓦楞帽、穿辫线袄的男子
（河南焦作金墓出土陶俑）

蒙古族男子，戴一种用藤篾做的"瓦楞帽"（图4-57），有方圆两种样式，顶中装饰有珠宝。还喜佩戴耳环为装饰。

女子袍服仍以左衽窄袖大袍为主，里面穿裤。颈前围一云肩，沿袭金俗。袍子多用鸡冠紫、泥金、茶或胭脂红等色。元代女服分贵族和平民两种样式。元代贵族妇女以皮衣皮帽为民族装，貂鼠和羊皮制衣较为广泛，式样多为宽大的袍式、袖口窄小、袖身宽肥。元代平民妇女穿汉族的襦裙，半臂也颇为通行（图4-58）。

女子首服中最有特色的是"顾姑冠"，也叫"姑姑冠"。其外形上宽下窄，像一个倒过来的瓷花瓶（图4-59）。它通常用铁丝和桦木制成骨架，外用皮、纸、绒、绢等裱糊，再加上金箔珠花各种饰物。这是皇后、妃子、大臣妻子戴的桂冠，汉族妇女尤其是南方妇女根本不戴这种冠帽。

蒙古靴分布靴和皮靴两种。

布靴多用厚布或帆布制成，穿起来柔软轻便。

皮靴多用牛皮、马皮或驴皮制成，结实耐用，防水抗寒。其式样大体分靴尖上卷、半卷和平底不卷三种，分别适宜在沙漠、干旱草原和湿润草原上行走。蒙古靴做工精细，靴帮、靴勒上多绣制或剪贴着精美的花纹图案。蒙族妇女都着靴，贵族妇女以红靴为多。各种靴身都比较宽大，里面可衬皮、毡，还可以套穿棉袜、毡袜。穿靴子除了与长袍比较协调外，还便于骑马护膝，并且冬御寒冷，夏防蛇蚊，是蒙古族人民在中国文化史上的杰出贡献。

图4-58 襦裙、半臂穿戴图

图4-59 戴顾姑冠的皇后

第五章 |

服章的风格化与更新改革时代

公元14—16世纪，服装交会和服装互进结出硕果，服装进入到更新时代。这一时期服装水平得到了不同程度的提高，势必导致服装发展得到一个新的跃进，进而形成风格化。风格之于人，之于艺术，之于地区和时代，几乎无所不在。风格化显示出的是一种主流，一种定势，一种基调和普遍性。

衣 第一节
社会与文化背景

一、社会背景

元代后期，国力衰退，朝廷加紧盘剥，导致了元末农民大起义，推翻了元朝的统治。

公元1368年，明太祖朱元璋建立明王朝，在政治上进一步加强中央集权专制，对中央和地方封建官僚机构，进行了一系列改革，其中包括恢复汉族礼仪，调整冠服制度，禁胡服、胡姓、胡语等措施。明政府上承周汉，下取唐宋的治国方针，以整顿和恢复礼仪，并根据汉族传统制定了新的服饰制度，使明代的服饰面貌仪态端庄，气度宏美，成为中国近世纪服饰艺术的典范。

明代注重对外交往与贸易，其中郑和七次下西洋，在中国外交史与世界航运史上写下了光辉的一页。对待少数民族部落，明王朝采取了招抚与防范的积极措施，如设立奴儿干等四卫，"令居民咸居城中，畋猎孳牧，从其便，各处商贾来居者听"，安抚并适应了鞑靼、女真各部的发展。设立哈密卫，封忠顺王，使之成为明王朝西陲重镇。利用鞑靼、瓦剌与兀良哈等三卫，来削弱东蒙古势力等。明朝近300年中，也发生"土木之变"、倭寇入侵、葡萄牙入侵等动乱，但各族人民之间仍在较为统一的局面中相互促进，共同提高。

明朝中后期出现了资本主义萌芽。首先是纺织等行业的发展。当时在杭州的富人设有机杼，雇织工数十人进行纺织生产，形成小规模的手工工场。万历年间（1573—1619），苏州的手工业者"计日受值，备有常主。其无常主者黎明立桥以待唤"，其中有纺织工、纱工、缎工。明代末叶，苏州、杭州、松江等处有一些个体纺织作坊主人，起初是自备原料，自己劳动，后来逐渐增加织机，自己脱离了劳动，专靠工人生产。还有的是以布商身份，准备了原料交给机房、染房等分别依工序生产，最后完成纺织品，已具有资本主义生产关系的性质。

清朝（1644—1911）是中国历史上最后的一个封建王朝。1616年，努尔哈赤建立王朝称汗，国号大金，史称后金，定都赫图阿拉（今辽宁省新宾县永陵老城）。1636年，皇太极改后金国号为"清"。1644年，李自成农民军攻陷北京，明崇祯帝自杀。清军乘机入关击败李自成起义军，后又攻占南京，灭南明。多尔衮迎顺治帝入关，定都北京。直到1911年，辛亥革命爆发，清朝被推翻。清朝自入关后，历经10位皇帝，享国268年。

二、文化背景

明朝是个专制的时代，为了消除蒙古异族影响，巩固万世统治地位，因而建立了"贵贱之别，望而知之"的有制、有序的服装等级制度，强调汉族传统文化的复兴，在服饰意识形态领域提倡汉文化传统，从皇帝皇后的冠服到官吏贵妇的服饰，在形式、色彩、饰物上基本保留汉唐风格，承袭了唐宋幞头、圆领袍衫、玉带、皂靴等服饰内容，并确定了明时的官服基本形制。明代出现了历代官服之集大成现象，成为封建社会末期官服的典范，也成为后来戏剧服装的原形基础。

明朝时期，汉族传统的"礼制"观念得到加强与稳固。此前，元朝统治时期，汉族原有的政策与信念几乎泯灭。明朝用最短的时间将汉族的传统服饰文化恢复起来，并对先秦及汉唐以来的传统衣冠制度进行了整理、继承和发展，在全国范围内进行推行。除了衣冠制度和典章礼仪制度的继承和发展之外，明朝完备的科举制度也使汉族的传统儒家文化得到了强势回归与巩固。明朝洪武年间（1368—1399）开始，强烈推广"三纲五常"封建思想，发生了大量的文字狱；到明仁宗、宣宗之后，明朝的思想有所开放；正德年间（1506—1521），王阳明提出了心学，解放思想；在明末甚至有哲人提出早期的民主思想。这些都在一定程度上解放了人们的思想。

明朝继承了汉、唐、宋时期所形成的"礼制"，强调官服威仪、服装有别、按礼划分高下的封建思想。随着明朝理学的深入开展，在服饰纹样装饰领域反映意识形态的倾向性越来越强化。服饰纹样成为有图必有意，反映了与当时社会的政治伦理观念、品德观念、价值观念、宗教观念紧密相连。明朝服饰中的吉祥图案应用广，是明代服饰的一大特点。

随着明朝生产的发展、社会经济的繁荣以及科技文化的进步，明代人在居住、行为习俗等方面，较之元朝更呈现出一派多彩纷呈的景象。其中，以诸多旧城名都面貌一新、人口繁盛、商贾流通，新镇新城的崛起，宫苑、寺观与各色各式建筑的大力兴建，居住、服饰等物质条件的改善为代表。

清朝是中国历史上第二个由北方游牧民族统治的王朝，至皇太极改国号为清后，共经历了11位皇帝，统治长达276年。满清王朝的建立使中国历史上再一次出现了两民族的习俗、文化传承的相互影响、相互融合的过程。

由于满族统治者强制汉族人改承满人服饰传统，引起了各地汉人的激烈对抗，束发易服的法令是满汉文化冲突最明显的问题。据《清朝野史大关》记载："世祖初登极，本欲令国民一律剃头……越年南方大定，乃下剃发之令，其略曰……闻是时檄下各县，有留头不留发，留发不留头之语……"这就是所谓的"留发不留"。此举在当时是相当残酷的。汉族人深受孔孟"身体发肤，受之父母，不可毁伤"之训，这一法令的颁布严重伤害了汉民族的自尊心和民族感情，同时也引起了一些汉族官员对种族歧视的不满，各地怨声载道，从而使两个民族服饰文化的斗争逐渐变为民族斗争的基础，最后清朝皇帝颁发了"十不从"即："男从女不从，生从死不从，阳从阴不从，官从隶不从，老从少不从，儒从而释道不从，倡从而优伶不从，仕官从而婚姻不从，国号从而官号不从，役税从而语言不从"的法令，才将束发易服所引起的民愤得以渐渐平息。满族的服饰得以在全国推行，清朝的服饰也继承了明代服饰艺术的效果，使中国古典服装艺术交映辉煌。

三、服饰特点

强调服装的装饰功能，穿着讲究形式美是明代服装的一大特点。服饰中的纹样图案是根据服装特定部位专门设计而制成的，具有独特的形式美感，与过去服装面料上整匹印染连续纹样，满地装饰有着明显的不同。

明代官服中胸前背后缀有补子为主要特色，并以补子上所绣图案的不同来表示官级的大小。补子从一品至九品各有区别，文官绣织禽类，武官绣织猛兽。补子成为区别官阶的主要标志，相当于我们现在的军衔。

　　服装普遍使用纽扣是明代服饰的另一特点，传统的汉族服饰主要是用带子系结服装，发展到明代，由于辽金元时期少数民族服饰对汉族服饰的不断影响与融合，汉族服饰开始普遍使用纽扣开闭服装。明代衣料纹样繁丽多样，一般都色彩浓重，生动豪放，简练醒目。其中较突出的是以百花、百禽、百兽等各种纹样组合起来的吉祥图案。常把几种不同形状的图案配合在一起，或寄予"寓意"或取其"谐音"，来寄托美好的希望，抒发感情，所以吉祥图案用于服饰是明代的一大特色。

　　满族人入关前，其生活与服饰延续了女真族的习俗，与中原明朝服饰截然不同。在清入关后的200多年统治中，历史上又一次出现了两个民族的习俗、文化传承相互融合的过程。这一阶段异族服饰的影响大于历史上任何一个时期，这是由于清王朝的强力政策与民间文化在很长时间内相互渗透，而形成具有两种血缘文化的服饰特征。

　　清朝服饰是典型的游牧文化的体现。服饰从头到脚都带有明显的北方游牧民族文化特点，从男子冠帽的花翎到清代女子的旗头、男子的长发垂辫，从服装的立领窄袖到开祺袍衫，从马褂、马甲到袍服款式的马蹄袖，从脚穿高底马蹄鞋到长筒马靴，无处不渗透出游牧民族的服饰文化特征。

　　这些服饰的表现与满族入关前的地域环境、民风民俗有着重要的关系。入关前的满族世代居住在寒冷的山林地区，所以满族人不分男女老少都有戴帽子的习惯，这同汉族男子的"二十始冠"及束发绾髻，扎系布帻有着天壤之别。服装造型款式简洁，没有过多的烦琐装饰，由原来的交领和圆领变为普遍的立领，便于御寒保暖。

　　满族是一个好渔猎、善骑射的北方民族，对于这样一个民族来说，一切装束都要合体、利落，以利于马上奔驰、游猎骑射、流动过夜、生活便捷。所以其袍服款式多采用窄袖、开祺造型，短衣采用缺襟、短袖造型，明显目的就是骑马方便。长袍宽松肥大，白天生活当衣服穿，夜晚就寝还可以当被子盖。

　　满族人为了更好地使衣服保温，适应北方寒冷地域气候，便于在马上的流动生活及衣服的脱穿快捷方便，在服装中普遍使用纽扣（用布襻的扣子），代替了汉族人几千年传统服饰中用带子系结服装的习惯。

　　在清朝统治期间，妇女服饰因地区广阔，满汉服饰相互融合影响，变化丰富。

汉族妇女服装在"男从女不从"（即对汉族男子严格要求遵从满族服制，而对妇女则放宽）的规范下，变化较男服为少。后妃命妇，仍承袭明朝旧俗，以凤冠、霞帔作为礼服。普通妇女则穿披风、袄裙，披风里面，还有大袄、小袄。

清朝妇女服装面料多厚重，宽边镶滚装饰是一个主要特征，在服装中大量使用花边。花边的使用在中国已有两千多年的历史，最初加在领口、袖口、衣襟、下摆等易磨损处，以后逐渐成为一种装饰并蔚然成风，清代后期达到顶峰。有的整件衣服都用花边镶滚，多至十八层，形成旗人在历史上以多镶为美的传统习俗。

清代服装制作工艺精美细致，历代服装无法与其相比。装饰烦琐，对装饰细节的过分追求，反映了清代末期封建统治者病态的鉴赏水平，并反映出在国弱民穷的时期，统治者的腐朽生活。从整个服装发展的历史来看，清代服饰形制，在中国历代服饰中最为庞杂、繁缛，条文规章多于前代，服饰制作趋向高贵质地和精巧艺术加工。

第二节
市俗明风：明朝时期的服章

一、男子冠服

（一）皇帝服装

1.衮冕

明朝皇帝的衮冕形制承袭古制，冕冠宽一尺两寸、长两尺四寸，用桐木板做成延，延板前圆后方，上玄下缥色。延板前后备有十二旒，每旒有五彩玉珠十二颗，每颗间距一寸。与此配套的衮服，据《明史·舆服志》记载，由玄衣、黄裳、白罗大带、黄蔽膝、素纱中单、赤舄等配成。

2.常服

皇帝的常服是头戴乌纱折角上巾，盘领窄袖褂，特点是为盘领、窄袖、右衽大襟，两侧各多出一块，称为"摆"。由黄色的绫罗制成，上绣龙纹、翟纹及十二章纹图案。腰带以金、琥珀为饰。永乐三年（1405年）明成祖将皇帝的常服改为盘领窄袖黄袍、玉带、皮靴。黄袍前后及两肩各织金绣盘龙一个，即所谓的"四团龙袍"（图5-1）。

3.燕弁服

燕弁服为皇帝平日在宫中燕居时所穿。为燕弁冠，于嘉靖七年（1528年）制定，冠框如皮弁，用黑纱装裱，分成12瓣，各以金线压之，有玉簪。燕弁服为玄色，镶青色缘，如同古代玄端之制，两肩绣日月，前胸绣团龙，后背绣方龙。领、衣边及两袖加小龙纹。内衬黄色深衣，腰系九龙玉带，足穿白袜玄履。

4.深衣

明朝皇帝重视恢复汉族服饰礼仪，对传统的深衣加以应用。皇帝的深衣为黄色。衣袖下方圆弧形，袖口方直造型。腰部以下用12幅拼缝，衣长至踝（图5-2）。

明朝皇帝重视恢复汉族服饰礼仪，对传统的深衣加以应用。皇帝的深衣为黄色。衣袖下方圆弧形，袖口方直造型。腰部以下用12幅拼缝，衣长至踝。

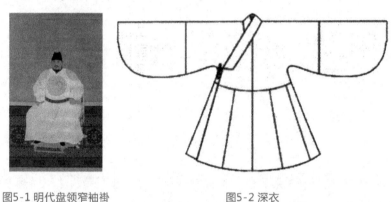

图5-1 明代盘领窄袖褂   图5-2 深衣

（二）品官冠服

1.品官服饰

明朝立国不久，就下令禁穿胡服，恢复了唐朝衣冠制度，法服与常服又得以并行了。明代是中国礼服制度的集大成时期，在品官服饰上更是注重等级标志。不同等级从头至脚皆有区别，封建社会的等级观念在服饰上的表现达到登峰造极的程度。

（1）一般款式

明代官吏的服装为大襟补服（图5-3）。大襟补服根据不同的官职，绣有不同的禽兽纹样。

图5-3 大襟补服图

明代官员头戴梁冠，着云头履。梁冠、佩绶、笏板等都有具体安排，见表5-1。

表5-1

品级	梁冠	革带	佩绶	笏板
一品	七梁	玉带	云凤四色织成花锦	象牙
二品	六梁	犀带	云凤四色织成花锦	象牙
三品	五梁	金带	云鹤花锦	象牙
四品	四梁	金带	云鹤花锦	象牙
五品	三梁	银带	盘雕花　锦	象牙
六七品	二梁	银带	练鹊三色花锦	槐木
八九品	一梁	乌角带	鸂鶒二色花锦	槐木

明朝对文武官员的服饰规定过于严厉、细致，最能代表官服制度的是洪武二十三年（1390年）定制的官服形制，以后的修改都在此基础上进行。

（2）官服类型

不同皇帝时期对文武官员的朝服、公服等进行过多次修改与制定。明朝文武官员服饰主要有朝服、祭服、公服、常服、燕服、赐服等。

①朝服。凡庆成、圣节、颁诏、开读、进表、传制等场合，文武官员都要穿朝服，即传统梁冠，穿赤罗衣，青领缘白纱中单，青缘赤罗裳，赤罗蔽膝；赤白二色绢大带，革带，佩绶；白袜黑履（图5-4）。以梁冠上的梁数区别品位高低。嘉靖八年（1529年）将朝服上衣改成赤罗青缘，中单改成白纱青缘，下裳赤罗青缘，前3幅后4幅，每幅3褶裥，革带前缀蔽膝，后佩绶，系而掩之。万历五年（1577年）令百

官朝贺，不准穿朱履；冬季十一月百官可戴暖耳。以上可以看出封建专制的明朝对官服规定得非常具体。

②祭服。洪武二十六年规定了一品至九品的祭服：青罗衣、白纱中单，俱用黑色缘。赤罗裳用皂缘蔽膝，方心曲领。冠带、佩绶同朝服。若在家用祭服时，三品以上去方心曲领，四品以下去佩绶。祭太庙、社稷时则服大红便服。

③公服。职官公服为袍。袍的衽又恢复为右衽，袖宽三尺。袍服上的纹样和颜色也因级别而异。袍服上的团花纹样品高则径大，官微则径小。

④常服。常服指日常办公时的服装，即头戴乌纱帽、身穿圆领补子服、右衽、束带。补子服的前胸、后背处绣禽鸟与走兽图案以区别身份。补子服要系上有銙饰的金玉带。銙是腰带上的装饰品，用金、银、铁、犀角等制成。补子服已成为典型的明朝官员服装，如今的传统戏曲所采用的官服基本是明朝的补子服形象。

⑤燕居服。燕居服为官员平日燕居（闲居）所穿。出门头戴忠靖冠，衣服款式仿古玄端服，取端正之意，色用玄，上衣与下裳分开。

图5-4 朝服

⑥赐服。赐服是官品并未达到某品级，而皇帝特许而赏赐穿着之服饰。蟒袍是一种皇帝的赐服，穿蟒袍要戴玉带。蟒袍与皇帝所穿的龙衮服相似，本不在官服之列，而是明朝内使监宦官、宰辅蒙恩特赏的赐服。获得这类赐服被认为是极大的荣宠。

⑦蟒服、飞鱼服、斗牛服。所谓蟒服，即绣蟒纹的袍服，类似皇帝的龙袍，皇帝龙袍五爪，而官吏的蟒服四爪。飞鱼，是一种龙头、有翼、鱼尾形的神话动物。斗牛服为牛角龙形。这三种服装的纹饰，都与皇帝所穿的龙衮服相似，本不在品官服制度之内，而是明朝内使监宦官、宰辅等人被蒙恩特赏的赐服，获得这类赐服被

认为是极大的荣宠。

⑧麒麟袍。麒麟袍（图5-5）是明朝官吏服装的一种。用途较多，可为朝服、公服和闲居时使用。特点是大襟、斜领、袖子宽松，上衣与下裳相连，腰际以下打满褶裥，前胸与袖上端绣麒麟纹。在袍服的左右肋下，各缝一条本色制成的宽边，称"摆"。麒麟是古代传说中的一种瑞兽，形状像鹿，全身有鳞甲，牛尾马蹄，有一只肉角。后人将它作为吉祥的象征广泛用于各类器物的装饰。

2.补子。

明朝建国二十五年以后，朝廷对官吏常服作了新的规定，凡文武官员，不论级别，都必须在袍服的胸前和后背缀一方补子，文官用飞禽，武官用走兽，以示区别。洪武二十六年以后，规定职官常服用补子，即将不同的图案纹样绣于袍上，以别官级品位。公、侯、驸马、伯用麒麟、白泽，其余文官绣禽，武官绣兽。补子最早出现于唐朝武则天，当时以不同纹锦赐予百官，称为"袄子锦"。明时演变为缀于袍上的补子，成为明时官服的一大特点(图5-6、图5-7、图5-8)。后清代也借用汉人的这一形式。

图5-5 麒麟袍

图5-6
戴乌纱帽、穿补服的官吏

　　袍色花纹也各有规定。盘领右衽、袖宽三尺的袍上缀补子，再与乌纱帽、皂革
靴相配套，成为典型明代官员服饰样式。补子与袍服花纹分级见表5-2：

表5-2 明代规定的官员补子表

官阶	文官补子图案	武官补子图案	服色	花纹
公、候、伯、爵、驸马	麒麟、白泽		绯色	大朵花径五寸
一品	一只仙鹤	狮子	绯色	小朵花径三寸
二品	一只锦鸡	狮子	绯色	散花无枝叶径二寸
三品	一只孔雀	老虎	绯色	小朵花径一寸五
四品	两只云雁	豹	青色	小朵花径一寸五
五品	两只白鹤	熊	青色	小朵花径一寸
六品	两只鹭鸶	彪	青色	小朵花径一寸
七品	两只鸳鸯	彪	绿色	无纹
八品	两只黄鹂	犀牛	绿色	无纹
九品	两只鹌鹑	海马		无纹
杂职	练雀			
法官	獬豸			

图5-7 文官补子图案

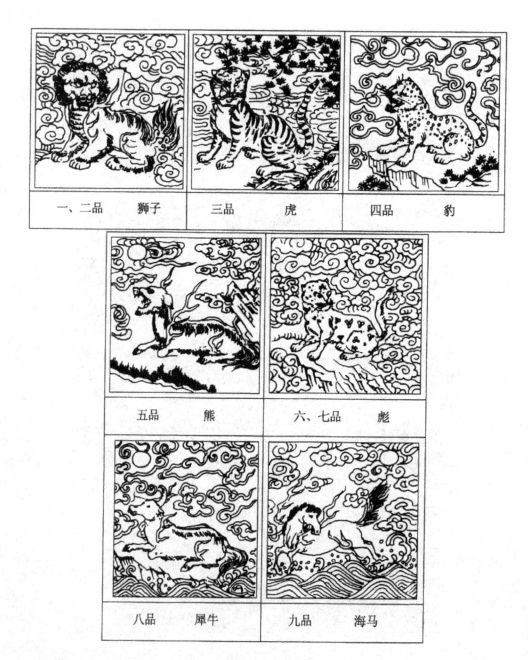

图5-8 武官补子图案

以上规定并非绝对，有时略为改易，但基本上符合这种定级方法。明世宗嘉靖年间，对品官燕居服饰也作了详细规定，如一、二、三品官服织云纹，四品以下，不用纹饰，以蓝青色镶边。

3.官帽

（1）乌纱帽

乌纱帽为明代常服中所常戴的，是用乌纱制成的圆顶官帽。其形制是前低后高，两旁各插一翅，通体皆圆。帽内另用网巾以束发。乌纱帽之帽翅的形状因戴者的官职、身份不同而各有异，形成了明时官服中的首服特点(图5-9)。

图5-9 戴乌纱帽的官吏

图5-10 忠靖冠

（2）忠靖冠

另有忠靖冠。冠帽以铁丝为框，外蒙乌纱，冠后竖立两翅，谓之忠靖冠。三品以上金线缘边，四品以下不许用金(图5-10)。

（3）梁冠

梁冠来源于汉代，是文武百官在重大祭祀典礼、正月初一进朝贺年、冬至、皇帝生日、圣旨开读、进呈奏表或庆祝大会等场合时使用，以梁多少来区分官位。

（二）一般男子冠服

1.首服

（1）网巾

网巾是一种束发似的网罩，多以黑色细绳、马尾、棕丝编织而成，用帛作为网口。网的作用除束发以外，还是男子成年的标志，一般衬在冠帽之内，也可露在外面直接使用。

网巾的作用在于收裹头发，使散发入网巾而使之齐整，所以又称"一统山河"。这种定名确实既反映网巾的实用意义，又符合当时的政治观念(图5-11)。

图5-11 网巾

图5-12 四方平定巾

（2）四方平定巾

四方平定巾是以黑色纱罗制成的便帽。可以折叠，呈倒梯形造型，展开时四角皆方，也称"方巾"，或称"四角方巾"，明代以此来寓意"政治安定，四方平稳"。这种巾帽多为官员和读书人所戴，平民百姓戴得比较少，戴此帽多染色蓝领衣(图5-12)。

（3）六合一统帽

六合一统帽即俗称的瓜皮帽，也称"小帽""圆帽"，或称"瓜拉冠"，多用于市民百姓。其制以罗缎、马尾为之，裁为六瓣，缝合一体，下缀一道帽檐，以"六合一统"为名，取意国家安定和睦，六方统一，寓意为天下归一（图5-13）。

（4）东坡巾

东坡巾又名乌角巾，相传为苏轼所戴，故名。特点是内筒高，外沿低（图5-14）。《古今图书集成·礼仪典》引明朝王圻《三才图会》："东坡巾有四墙，墙外有重墙，比内墙少杀，前后左右各以角相向，著之则有角，介在两眉间，以老坡所服，故名。"

图5-13 六合一统帽　　　　　　　　　　图5-14 东坡巾

（5）其他头巾

明时男子不论官者还是百姓，皆喜戴头巾。"所戴，殊形诡制，日异月新。"官吏及大夫所戴的款式很多，如汉巾、晋巾、唐巾、诸葛巾、纯阳巾、阳明巾、九华巾、飘飘巾、逍遥巾、儒巾、平顶巾、软巾、吏巾、二仪巾、万字巾、披云巾等几十种。

2.衣裳

（1）袍衫

明代平民男子便服一般为袍衫，衣长过膝，袖子宽大，交领右衽大襟，多为带子系结，下身穿裤，裹以布裙（图5-15）。

图5-15《太平乐事图》局部　　　　图5-16　　　　　　　图5-17
　　　　　　　　　　　　　戴襦巾、穿大袖衫的士人　戴襦巾、穿衫子的士人

（2）褡护

褡护原是元代的衣服，属于半臂一类的衣式，到明代后其形制亦有改变，演变成一种褂长而袖短的外衣。

（3）直身

直身的形制与道袍相似，或称直缀，是一种宽大且长的衣服，元代禅僧也服此衣，明时为一般士人所穿（图5-16、图5-17）。

（4）罩甲

罩甲形似现在的坎肩，但下摆长至膝下，臀下开衩。

（5）程子衣

程子衣是一种腰间有线道横缝之的形制，是士大夫们所服。

（三）戎服

明时的铠甲戎服，多由铁质鳞片组成，铁质片呈长方形，长约10cm，宽约6cm，上面有孔，便于链接。军服中还有一种锁子甲，也称锁甲，用细小的铁环相套，形成一件连头套的长衣，形似"铁布衫"。军服中还有一种叫胖袄，其形制为"长齐膝，窄袖，内实以棉花"，颜色多为红色，又称"红胖袄"，为骑兵将士穿用。作战时头戴兜鍪，用铜铁制造。御林军及兵士则多穿锁字甲，以铜铁为之，甲片的形状多为"山"字纹，制作精密、穿着轻便。

另外，铠甲装在腰部以下还配有铁网裙和网裤(图5-18、图5-19)。

戎服类另有裤褶。它有短袖或缺袖两类。

图5-18

图5-19

（四）男子足服

明时男子足上所穿形制仍以履、靴、鞋为主。靴非一般百姓能穿，百姓多穿自产材料制的鞋。

男鞋种类颇多，有云履、朝靴、皂革靴，以及油靴和凉鞋等。其中，云履、朝靴、皂革靴为官宦所穿。而劳动人民的鞋子有双耳麻鞋、蒲鞋、草鞋、油靴等。油靴是适合雨天穿的靴子。《金瓶梅》中描写武松住在武大家，他"寻思了半晌，脱了丝鞋，依旧穿上油蜡靴，头上戴上毡笠儿，一面系绳带，一面出大门"。这里面提到的"油蜡靴"即油靴，指在靴的外表涂上防湿的物质。《明宫史》记载："靴……凡当差内使小火者，不敢概穿，足穿单脸青布鞋、青布袜而已。或雨雪之日，油靴则不禁也。"士庶百姓鞋履多以厚底为主，毡靴、布底缎面便鞋穿着普遍。

明时富家子弟还流行"福字履"，用绒锦、棉布面料制作，厚底、缎面，面上绣金福字，字旁以云形围边，履帮侧面镶卷叶纹，履口衬绸。福字履又称"夫子履"，该鞋流行至清代。

二、女子冠服

（一）命妇冠服

1. 凤冠

凤冠是明代贵族妇女参加重大仪式必戴的一种礼冠，它是用金丝网为胎型，上面点缀凤凰饰物，并挂有珠宝流苏。

明代凤冠有两种形制。一种是后妃所服，冠上除装饰凤凰以外，还有龙、翚（hui晖）等装饰。不同品级的妇人相应装饰不同数量的龙、凤、晕、花钗等。另一种是命妇所戴的彩冠，上面不装饰龙凤，仅缀珠翟（di迪）、花钗，但人们习惯上也称之为凤冠。在明代服用凤冠有严格的规定，只有受封的贵族妇女才能佩戴，但到了明朝后期，社会动荡，制度混乱，一般的平民百姓也可在结婚大喜的时候随意服用了。（图5-20）

图5-20 凤冠

2.服饰

凡命妇所穿的服装，都有严格的规定，大体上分为礼服和常服两种。礼服为凤冠、霞帔、大袖衫及褙子。皇后常服为戴龙凤珠翠冠、穿红色大袖衣，衣上加霞帔，红罗长裙，红褙子，首服为髻上加龙凤饰，衣绣有织金龙凤纹。常服为长袄和长裙。

大袖衣（图5-21）采用的就是汉民族传统的大袖形式，上衣为对襟系扣，服装色彩以红色调为主，衣服上刺绣装饰漂亮的织金龙凤纹图案。

图5-21 明大袖衣

图5-22 比甲、宽袖衫、裙示意图

常服为命妇平时所穿的服饰，以长袄、长裙组成，规定不十分严格，依身份不同各有不同。其颜色与选材随个人所好。主要款式有衫、袄、帔子、背子、比甲、裙子等，基本样式依唐宋旧制（图5-22）。

3.霞帔

明代沿袭宋代将霞帔用做命妇的礼服。由于其形美如彩霞，故得名"霞帔"。其形状宛如一条长长的彩色挂带，服用时绕过脖颈，披挂在胸前，下端垂有金或玉石坠子。

不同的礼服颜色，选用不同色彩的霞帔进行搭配形成装饰。不同的品级在霞帔上所绣纹样不同。如一品、二品命妇霞帔为云霞翟纹；三品、四品为云霞孔雀纹；五品为云霞鸳鸯纹；六品、七品为云霞练雀纹；八品、九品为缠枝花纹。

明代规定霞帔的颜色要与礼服的颜色相搭配，如大袖衫用红色的话，霞帔、褙子就用深青色（表5-3）。

表5-3

品级	霞帔图案	褙子
一、二品	蹙金绣云霞翟纹	蹙金绣云霞翟纹
三、四品	金绣云霞孔雀纹	金绣云霞孔雀纹
五品	绣云霞鸳鸯纹	绣云霞鸳鸯纹
六、七品	绣云霞练鹊纹	绣云霞练鹊纹
八、九品	绣缠枝花纹	摘枝团花

图5-23 霞帔

此外，还规定霞帔的宽度每条为三寸二分，长五尺七寸（图5-23）。

（二）一般女子冠服

1. 发式

明代初期女子的发式变化不大，基本上承袭了宋元的发式，至嘉靖年间之后开始有明显的变化（图5-24、图5-25）。

（1）桃心髻

桃心髻是当时较时兴的发式。妇女将发髻梳成扁圆形状，并在发髻的顶部饰以宝石制成的花朵，时称"桃心髻"（图5-26）。以后又演变为金银丝挽结，且将发髻梳高。髻顶亦装饰珠玉宝翠等。到明代后期，"桃心髻"的发式花样变化繁多，诸如"桃尖顶髻""鹅胆心髻"及仿汉代的"堕马髻"等。

（2）头箍

明代的妇女有戴头箍的风尚。头箍又名"额帕"，是从原来的"包头"发展而来的，它的材料最初为棕丝，结成网状，罩在头上，以后又以纱或熟罗制作。最初以宽、束发为时尚而后行窄系扎额头为装饰。年轻妇女喜戴头箍，尚窄，老年妇女也戴头箍，则尚宽，上面均绣有装饰，富者镶金嵌玉，贫者则绣以彩线（图5-27、图5-28）。

图5-24 三鬟发式　　图5-25 牡丹头发式

图5-26 桃心髻

图5-27 头箍

图5-28 锥髻发式、戴头箍

（3）假髻

假髻出现在魏晋，到明代仍继续延续流行，并成为明代妇女常用的发式。假髻的形制为：用铁丝织圆，外编以发，成为固定的装饰物，时称"鼓"。鼓比原来的发髻大概要高出一半，戴时照在发髻上，以簪绾住头发。顾起元《客座赘语》："今留都妇女之饰在首后……以铁丝织为圆，外编以发，高视髻之半，罩于髻，而以簪绾之，名曰鼓。"假髻有"罗汉鬏""懒梳头""双飞燕""到枕松"等式样，明末清初时在一些首饰店铺还有现成的假髻出售。

（4）双螺髻

明代双螺髻，其状类似于春秋战国时期的螺髻，时称"把子"，是江南女子偏爱的一种简便大方的发式，尤其是丫环梳理此髻者较多，其髻式丰富、多变，且流行于民间女子。

此时讲求以鲜花绕髻而饰，这种习惯延至民国，今日农村姑娘还时常摘朵鲜花，别在头上，以领略大自然的风采。除鲜花绕髻之外，还有各种质料的头饰（图

5-29）。如"金玉梅花""金绞丝顶笼簪""西番莲梢簪""犀玉大簪"等，多为富贵人家女子的头饰。

图5-29 明代女子头饰

另外，1996年浙江义乌市青口乡白莲塘村出土的金鬏髻（发髻罩）、1993年安徽歙县出土的金霞帔坠子（图5-30），上有镂空透雕凤凰祥云，都说明了明代女子的头饰即其他配饰，整体造型美观，工艺精湛。

（5）牡丹髻

牡丹髻又称"牡丹头"，此名始于元代，是一种明清时期汉族妇女较为流行的蓬松发髻，发髻的部位在头顶正中。编梳时，先将头发掠至顶部，用一根丝

图5-30 金霞帔坠子
（1993年安徽歙县黄山明墓出土）

带或发箍在髻根紧扎，然后将头发分成数股，每股单独上卷，卷至顶心，用发钗绾住。头发稀少的妇女，可适当掺入一些假发，以扩大发髻的体积。这种发髻梳成之后，酷似盛开的牡丹，每一股弯曲的卷发，就像是牡丹的花瓣，极富装饰情趣。（图5-31）

与牡丹头取意相同，荷花头、芙蓉髻等发髻，形制也与此大致相似，只是在"花瓣"的形状上有所差异，因此有不同的名称。

图5-31 牡丹髻

2. 上衣

明代妇女的服饰其基本式样大多仿自唐宋，在色彩上也有明确的贵贱等级之分。

（1）褙子

明代妇女的常服为"褙子"，其款式为对襟直领，中间不使用纽扣与绳带系结，左右腋下开祺，衣长过膝，也有的与裙子并齐。衣袖分为宽、窄两种形式，穿着时罩在襦袄外面。这种服装上自后妃，下及婢妾，礼见宴会均可穿着。宽袖褙子，对襟，只在衣襟上，以花边作装饰，并且领子一直通到下摆，为贵族妇女穿用。窄袖褙子，直领，袖口及领子都有装饰花边，领子花边仅到胸部，为普通妇女的便服（图5-32、图5-33）。

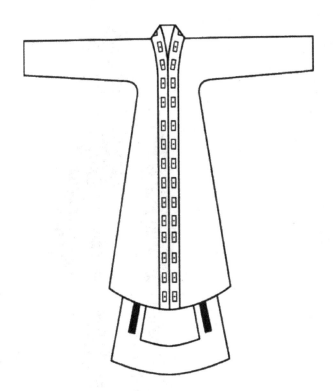

图5-32 窄袖褙子

图5-33 穿褙子的女子

（2）比甲

明代的便服称为比甲，无领、无袖，可分为两种款式。一种衣长过膝、对襟、直领，穿时罩于衫袄之外，最早流行于宋代。另一种为前短后长，不用领袖，穿着便于骑射。后来的马甲就是在这个基础上经过加工改制而成的（图5-34、图5-35）。

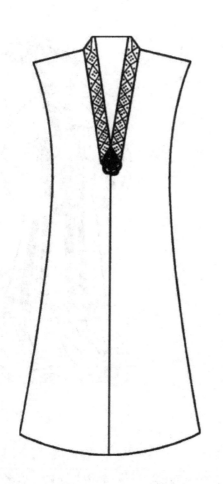

图5-34 比甲

图5-35 穿比甲的女子

（3）水田衣

　　水田衣，又称"百衲衣"。是明代一般妇女服饰，是以各色零碎锦料拼合缝制成的服装，形似僧人所穿的袈裟，因整件服装运用的织料色彩互相交错形如水田而得名。它具有其他服饰所无法具备的特殊效果，简单而别致，所以在明清妇女中间赢得普遍喜爱（图5-36）。

图5-36 水田衣示意图　　　　　　　　　图5-37 明代襦裙

　　水田衣是出自民间妇女手中的艺术佳品，至20世纪末还可以见到，不过多为儿童缝做，而且主要是被褥。

　　3.下裳

　　明代妇女下裳还是以穿裙为主，明代襦裙与宋代襦裙基本无差别，只是在年轻妇女中间的服装搭配上，常加一条短小的腰裙，以便活动（图5-37）。

　　明代女子的裙子变化最快、花样翻新也较多。总的来讲，明代的女裙异彩纷呈：从质料上分有绫裙、绵裙、罗裙、绢裙、绸裙、丝裙、纱裙、布裙、麻裙、葛裙等；从工艺上分有画裙、插绣裙、堆纱裙、蹙金裙、细褶裙、合欢裙、凤尾裙等；从色泽上分有茜裙、郁金裙、绿裙、桃裙、紫裙、间色裙、月华裙、青裙、蓝裙、青白裙等。裙子初期多为浅淡颜色，虽然有纹饰，但是不明显。后期裙子多用素白色，仅在裙子的下摆处绣以花边作为压花脚。裙腰处缀有密细褶。

　　①月华裙，是一种浅色的画裙，裙幅共有十幅，腰间每褶各用一色，轻描淡

绘，且褶裥间隙细密，风动之处色如月华，因此得名。

②凤尾裙，是用绸缎裁剪成大小规则的各色条子镶拼成裙，每条裙幅都绣以花鸟图纹，并在两畔镶以金线，如凤尾般绚烂。

③百褶裙，是整块缎料用手工缝以细褶，做成"百褶裙"。

（三）鞋履

明代女子不仅沿袭了前代缠足的风俗，而且使之大盛。缠足后所穿的鞋叫作"弓鞋"，这是一种以香樟木制成的高底鞋。木底露在外边的叫"外高底"，有"杏叶""莲子""荷花"等名称；木底藏在里边的一般叫"里高底"，又称"道士冠"。老年妇女大多穿平底鞋，称为"底而香"。

综上所述，明代服饰基本上沿袭前制，但在沿袭过程中也出现了许多新的变化，最突出的特点是以前襟的纽扣代替了几千年来的带结，体现着时代的进步。另外理学的盛行也在一定程度上影响了服装风格，所以，明代服饰在整体的风格上更加细腻，注重服装的质地和花色，从而使明代服饰更具特点。

第三节 辰
盛清锦绣：清朝时期的服章

一、男子冠服

（一）皇帝冠服

1.朝冠

清朝改冠制，礼帽分两种：一种是皇帝夏朝冠，呈圆锥状、双层喇叭状，用玉草或藤丝、竹丝制成，外面包裹以罗，以红纱或红织金为里，在两层喇叭口上镶织金边饰。冠檐前缀"金佛"，后缀"舍林"，金佛周围饰东珠15颗，冠后的"舍林"缀东珠7颗，冠顶再加镂空云龙，嵌大东珠的金宝顶（图5-38）；另一种是冬朝冠，呈卷檐式，周围有一道上仰的檐边，用紫貂或黑狐毛皮制作，冠顶加饰镂空金座并镶嵌宝珠等（图5-39）。

图5-38 夏朝冠

图5-39 冬朝冠

2.如意帽

如意帽是清代皇帝穿便服时所戴的一种便帽，是在继承明代六合一统帽的基础上制作的。帽式仍以六片缎缝合而成，瓜棱形圆顶式，具有轻薄简便的特点。如意帽的面料、形制、颜色和花纹等都较礼冠更随意，唯有帽顶的红绒结是皇帝专用，任何人不得逾制，显示着皇帝等级的至尊。帽顶后垂红缨穗，帽上纹样用珊瑚米珠钉缀或刺绣而成，分别有"富寿吉庆""五蝠捧寿"等吉祥寓意。（图5-40）

3.朝服

朝服是最隆重的礼服，为大典及重要祭典时所穿用。皇帝朝服的纹样主要以龙纹和传统十二章纹样为主。朝服颜色依次有明黄、蓝、红、月白四种，其中明黄为等级最高的颜色。朝袍为上衣下裳，分裁而合缝，箭袖、大襟，肩配披领，腰间以方形腰包为饰，保留了满族服饰习惯（图5-41）。

图5-40 如意帽   图5-41 朝服

4.吉服

吉服是比朝服低一等级的礼服。清朝皇帝的吉服袍，即俗话说的"龙袍"。一般在吉庆典礼、宴会和朝见臣属时穿用。吉服由吉冠、吉袍、吉带、朝珠和靴组成。龙袍的样式特点是：圆领、大襟、箭袖、开四衩，以明黄、金黄等亮黄色为主色，领和袖口用石青色为辅色。龙袍上共绣金龙9条，前后都可看到5条团龙，"九五之数"寓意"九五至尊"。龙袍下摆，斜向排列着许多弯曲的线条，名谓水脚。

水脚之上，还有许多波浪翻滚的水浪；水浪之上，又立有山石宝物，俗称"海水江涯"。它除了表示绵延不断的吉祥含义之外，还有"山河永固""万世升平"的寓意（图5-42）。

5. 常服

常服是非正式场合或一般性正式场合穿的服装。皇帝常服为衣褂式，圆领、对襟、袖口平、左右开衩，穿在袍外。常服多选用单色织花颜色，常见为石青色，常服袍的面料、颜色、花纹不像吉服袍那样有严格的规定，可以随皇帝的喜好而选用。面料多为提花的绸、缎、纱、锦等质地。常服的图案花纹虽然无严格的规定，但是多采用象征吉祥富贵的纹样，如团龙、团寿、团鹤、蝙蝠、盘肠等，寓意万事如意、团圆和美、福寿绵长。清代皇帝常服大多是江宁、苏州、杭州的织造所生产，质地精细、纹饰规则（图5-43）。

6. 朝带

朝带即朝服所系的腰带，有金带、玉带、银带、铜铁带等。不同官职，其材质、形制各有不同，标志着官阶的高低。皇帝在大典礼时所用的朝带，颜色为黄色，下垂龙纹金版，圆形。金版中间以红、蓝宝石或绿松石及东珠镶嵌花形，周边用20粒珍珠围绕。其他版饰东珠四，中饰猫睛石一（图5-44）。

图5-42 吉服

图5-43 常服

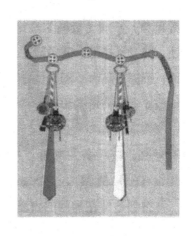

图5-44 朝带

（二）品官冠服

1. 服饰

（1）补服

清代官吏的服装为对襟补服，款形如袍而略短，圆领、对襟，长袖、袖口平，以扣系结门襟。为了便于行走、闲坐、请安，补服的前后左右两侧缝自胯而下开长衩。清代官服在完全满化的服装上沿用了汉族冕服中的十二章纹饰和明代官员的补子。只是由于满装对襟，所以前襟不另缀，而是直接绣方形或圆形补子于衣上，称之为补服（图5-45）。

清代补服的禽兽纹样沿袭明代补子图纹形式，文官绣飞禽，武官绣走兽。但补子图案与明代补子略有差异。补子图案根据《大清会典图》规定见表5-4。

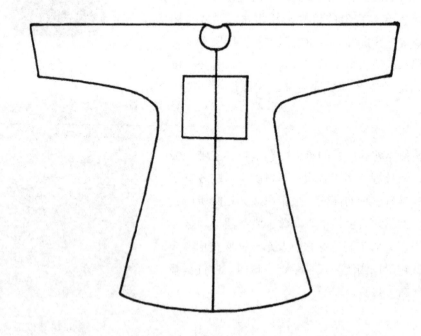

图5-45 补服示意图

表5-4

品级	文官补子绣饰	武官补子绣饰
一品	仙鹤	麒麟
二品	锦鸡	狮
三品	孔雀	豹
四品	云雁	虎
五品	白鹇	熊
六品	鹭鸶	彪
七品	鸂鶒	犀牛
八品	鹌鹑	犀牛
九品	练雀	海马

按察使、督御使等依然沿用獬豸补子，其他诸官有彩云捧日、葵花、黄鹂等图案的补子。明清补服的差异如下表所示。

表5-5 明清补服差异

明代补服	清代补服
服装款式多为大襟（整补）袍	服装款式为对襟（双补）袍
服装色彩多用绯色、绿色	服装色彩多用石青、天青色
袍服通用方形补子	袍服除方形补子，还有圆形补子
袍服前后缀二补子	袍服除前后缀补子，还有两肩缀补子
补子长宽约40cm	补子长宽约30cm
补子以素色为多，织多于绣（缀补子）	流行彩色绣补（直接绣补子于袍服）
补子四周一般不用边饰	补子周围多装饰花边
文官有的绣一对禽鸟（双禽）	补子全部绣织单禽
面料多用苎麻丝或纱罗绢，袖宽三尺	面料多用锦缎，袖子窄瘦
补子多用于文武职官（皇室贵戚不着"补服"），无论其品秩之尊卑，一律用方形	方形补子多用于百官，圆形补子用于皇室无论其品秩之尊卑，所绣纹样多为龙、蟒

（2）蟒袍

与明代的麒麟服不同，清代皇子、亲王等亲贵及品官着蟒袍（图5-46）。蟒袍又谓"花衣"，是款式为圆领、箭袖，袍长至脚踝，袍服下摆多为开衩，其中皇族宗室用四开衩，百官用二开衩。

蟒袍以蟒数及蟒之爪数区分等级，见表5-6。

图5-46 清代蟒袍

表5-6

一品至三品	绣五爪九蟒
四品至六品	绣四爪八蟒
七品至九品	绣四爪五蟒

但民间习惯将五爪龙形称为龙，四爪龙形称为蟒，实际上大体形同，只在头部、鬣尾、火焰等处略有差异。袍服除蟒数以外，还有颜色禁例，如皇太子用杏黄色。皇子用金黄色，而下属各王等官职不经赏赐是绝不能服黄的。

（3）缺襟袍

袍服中还有一种"缺襟袍"．前襟下摆分开，右边裁下一块，比左面略短一尺，便于乘骑，因而谓之"行装"，不乘骑时将那裁下来的前裾与衣服之间以纽扣扣上。

（4）箭服

由于清朝统治者尚骑射，因此官吏朝服采用"箭服"（图5-47），其款式为开衩大袍，制袖端去其下半部，仅可覆手，便于射箭。又因形似马蹄，俗称马蹄袖。其形源于北方恶劣天气中避寒所用，不影响狩猎射箭，不太冷时还可卷上，便于行动。进关后，袖口放下是行礼前必需的动作，名为"打哇哈"，行礼后再卷起。

图5-47 清代箭服

（5）端罩

端罩是另一种官服，满语称"打呼"，意为皮毛朝外的裘皮服装。对襟、圆领、平袖、身长至膝（图5-48、图5-49）。在清朝服饰制度中"端罩"是上至皇帝下至高级官员、侍卫官等人在冬季时所穿的衣服。按《大清会典》的制度，端罩用料有黑狐、紫貂、青狐、貂皮、猞猁狲、红豹皮、黄狐皮等几种。按质地、颜色、皮色的好坏分为8个等级，以此来区别其身份、地位的高低尊卑。清朝规定四品官以下不得用端罩。

图5-48   图5-49

2.官帽

满族是女真族的后裔，入关之前的女真贵族一直保持着比较鲜明的游牧民族的服饰样式与等级制度，入关之后清朝政府逐渐推行了服制改革，在帽式上一改历代的冠制。薙发而梳辫，并以满族传统的冠式为基础制定了清朝的冠帽制度。

清朝官帽又称"大帽子"，分冬夏二式，冬季用帽为暖帽，夏季用帽为凉帽。

每岁农历9月15日或25日改御冬朝服帽冠，冬式帽冠也称为暖帽。暖帽多为圆形，其颜色以黑色为多，帽檐反折向上围着帽顶，以薰貂、青绒或黑貂皮毛制成，上缀短穗朱纬，帽子的最高处装有顶珠，其材料多以宝石制成，颜色有红、蓝、白、金等（图5-50、图5-51）。

图5-50 暖帽

清代不以帽式区别等级贵贱，而是以帽子之上的顶珠来区别官级。文一品帽子是红宝石的，文二品和武二品就是红珊瑚的，那个珠就是珊瑚豆。文三品和文二品是一样的，也是珊瑚豆，但是武三品是蓝宝石的，文四品是青金石的顶。武四品也是一样的。文五品是水晶的，文六品是砗磲，文七品是素金的，文八品是阴纹镂花的金顶。文九品是阳纹的镂金的金顶。

图5-51 戴暖帽、穿补服的官吏

每岁农历3月15日改御夏朝服帽冠，夏式帽冠也称为凉帽（图5-52）。夏帽冠檐不上折而敞直，形如圆锥，俗称喇叭式。夏季凉帽取材多用藤、竹丝或麦秸等，帽表裹以罗绢，多为白色，上缀朱纬，顶饰宝珠。

清朝的官帽，在顶珠下有翎管，质为白玉或翡翠，用以安插翎枝。清翎枝分蓝翎和花翎两种。蓝翎为鹖羽所做，花翎为孔雀羽所做。

图5-52 凉帽

3.领衣

清代礼服一般无领子，穿时需在袍上另加一硬领，称为"领衣"，因其形状像长长的牛舌，故俗称"牛舌头"（图5-53）。

领衣在质料上一般选择布料，考究的用锦缎或绣花的绸缎，前面为对襟，用纽扣系之，束在腰间。在色彩上一般春秋二季选用湖色的缎，夏天用纱，冬季用皮毛或绒，有丧者用黑布。

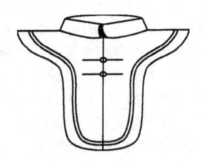

图5-53 领衣

4.披领

披领是加于颈项而披之于肩背之上的，形似菱角，上面绣以纹彩，用于官员朝服（图5-54）。

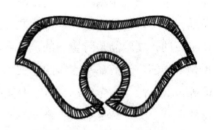

图5-54 披领

5.朝珠

朝珠是高级官员区分等级的一种标志，也是一种高贵的装饰品（图5-55）。

朝珠是从佛教的"念珠"衍化而来。按清《会典》规定，自皇帝、后妃到文官五品、武官四品以上，皆可配挂朝珠。朝珠虽然是装饰品，但一般官员和百姓不能随意佩带。根据官员胸前所佩带朝珠质地的好坏，可以区分官员的品级高低。在性别上朝珠也有明确的规定，要看朝珠上的"纪念"。"纪念"是指朝珠顶部的佛头塔两侧又有三串小珠串，每串10粒，珠串的末端各有用银丝珐琅裹着宝石的小坠角，称为"纪念"，"纪念"分三串，其中一侧为两串，一侧为一串。"纪念"两

图5-55 朝珠

串在左者为男，两串在右者为女，两者不能颠倒。

6.腰带

在中国古代服饰制度中，腰带是一种不可替代的饰物。腰带的质料一般用丝织的，上嵌各种宝石，有带钩和环。其中讲究的带扣都用金、银、铜，或者用贵重的玉、翡翠等制成。清代腰带种类繁多，有朝服带、吉服带、常服带、行带等。

（三）一般男子冠服

1.袍衫

清初袍衫款式尚长，顺治末减短至膝，不久又加长至脚踝。袍衫在清代后期时流行宽松式。甲午、庚子战争之后，受西方服装的适身式影响，中式袍、衫的款式也变得越来越紧瘦，长盖脚面，袖仅容臂，形不掩臂，穿了这种袍衫连蹲一蹲身子都会把衣服挣破。《京华竹枝词》中说："新式衣裳夸有根，极长极窄太难论，洋人着服图灵便，几见缠躬不可蹲。"它反映了清末服装款式变化的趋向，同时也标志着宽袍大袖式的中国传统时代已逐渐退出，转而进入了一种新风尚、新形式的服装历史阶段。

2.马褂

清代除了长袍外，还有一种特有的男服款式，即马褂。其领型多为圆领，衣长到腰，两侧下摆开祺。衣袖有长、短袖，长者及腕部，短者至肘间，有宽、窄袖之分，均是平袖口。

据《陔余丛考·马褂》中载："凡扈从及出使，皆服短褂，缺襟袍及战裙，短褂亦曰马褂，马上所服也。"意为马褂是一种穿于袍服外的短衣，衣长至脐，袖仅遮肘，主要是为了便于骑马，所以称为"马褂"。后来由于褂多是穿于袍之外，又称外褂（图5-56）。

马褂形制有对襟、大襟和缺襟三种。对襟马褂多为礼服，大襟马褂多为常服，而缺襟马褂大多为行装。这些马褂多为短袖，袖口平直而宽大。

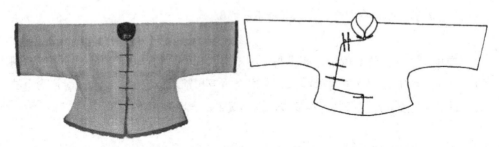

图5-56 马褂及其示意图

3.马甲

马甲又称坎肩、背心（图5-57、图5-58、图5-59），是一种无袖的紧身式短上衣，其种类可分为一字襟、琵琶襟、对襟、大襟和多纽式等几种款式。男女均可穿用。

马甲在满语里叫作"巴图鲁坎肩"，"巴图鲁"是好汉、勇士之意，清初时多纽马甲只限亲王及公主穿于内，后来普通人均可穿服，并讲究地把马甲穿在褂的外面。

4.裤子

清朝男子已不着裙，而普遍穿裤，中原一带男子穿宽腰长裤，系腿带。西北地区因天气寒冷而外加套裤，江浙地区则有宽大的长裤和柔软的于膝下收口的灯笼裤。

图5-57 琵琶襟马甲

图5-58 一字襟马甲

图5-59 大襟马甲

5. 便帽

便帽又称小帽子，以六片缝合，俗称瓜皮帽、六块瓦帽。这款帽式是沿袭明代六合帽而成的。帽做瓜棱形圆顶，年轻人用红绒结为顶饰，中年人及服丧期内则用黑色琉璃球做顶饰，这种帽子在清代初时多为一些有身份的人，如商人、学子、农村的富户人家所戴，皇帝及士大夫燕居时也喜戴，而平民百姓只在喜庆的日子或走重要亲戚时短时戴用（图5-60）。

图5-60 戴小帽子的男子

（四）鞋、靴

清朝男子的靴，种类较多，有薄底、厚底之分，鞋面多用缎、绒、布制作，样式有云头、双梁、单梁、高靿、矮靿之分。皇帝上朝穿朝靴（图5-61）。官吏公服穿高靿靴，便服着布鞋。另有一种名为"快靴"的官鞋，又称"爬山虎快靴"，底薄、靿短，穿着敏捷，便于活动（图5-62）。

图5-61 朝靴

图5-62 快靴

（五）八旗兵甲胄

甲胄，就是盔甲。八旗兵的盔甲分头盔、腰甲、腹甲、腿甲4项（图5-63、图5-64）。盔在清朝重新改称胄，胄分官胄、随侍胄、兵胄几种。

图5-63　　　　　　　图5-64　　　　　　　图5-65 号衣

二、女子冠服

（一）命妇冠服

1.朝服

清朝皇太后、皇后、皇贵妃均有朝服，朝服由朝冠、朝袍、朝褂、朝裙及朝珠等组成。朝冠，冬用紫貂、夏用青绒等材料制成，上缀有红色帽纬。顶部分3层，叠3层金凤，金凤之间各贯东珠1只。帽纬上有金凤和宝珠。朝袍与朝褂以明黄色缎子制成，也分冬、夏两种。朝袍由披领与袍身组合。朝褂穿在朝袍之外，圆领、对襟、无领、无袖，后有开裾，形似比甲，上面绣有龙云及八宝纹样等。皇后等人穿朝服时，要戴披领、朝珠、朝带等（图5-66至图5-68）。

图5-66　　　　　　　图5-67　　　　　　　图5-68

2.常服

皇太后、皇后、皇贵妃的常服样式为圆领、大襟,领边、袖口及衣襟边缘饰有宽花边,纹样以龙、凤、蝴蝶、牡丹等图案为主(图5-69)。

3.霞帔

霞帔是宋代以来命妇的服饰,到明代时体制已趋完善,据史料中记载:"今命妇衣外以织文一幅,前后如其衣长,中分而前两开之,在肩背之间,谓之霞帔。"清代命妇礼服,承袭明朝制度,但霞帔已发展成宽阔如背心状,中间绣禽兽以区别等级,下垂彩色流苏,是诰命夫人专用的服饰。类似的凤冠霞帔在平民女子结婚时也可穿戴一次。

与以前的霞帔相比,清代命妇霞帔帔身放宽,左右两幅合并,并附有后片及领子,形似背心,两侧敞开用带子系结。胸背中间缀有补子,比男子的略小。补子纹样视其丈夫或儿子的品级而定。帔脚下部不用坠子,改用彩色流苏,是诰命夫人专用的服饰(图5-70)。

4.朝冠

朝冠为冬季皇太后及皇后所戴。皇后的朝服由朝冠、朝袍、朝褂、朝裙及朝珠等组成。朝冠,冬用薰貂,夏用青绒,上缀有红色帽纬。顶部分三层,叠三层金凤,金凤之间各贯东珠一只。帽纬上有金凤和宝珠。冠后饰金翟一只,翟尾垂五行

图5-69

图5-70 清霞帔

珍珠，共三百二十颗，每行另饰青金石、东珠等宝石，末端还缀有珊瑚。

5.夏朝冠

以青绒为之，形制与朝冠相仿。

（二）满族女子冠服

满族命妇服饰大体与男服相同，所不同的主要在冠饰、霞帔和足饰。清代初期统治者严禁满族妇女效仿汉族妇女的服饰。

1.旗袍

清代满族女子经常穿的服装为旗袍（图5-71）。袍服腰身呈直筒状，由一整块面料裁剪而成，任何部位都不重叠，款式为圆领右衽大襟，领子有高、低两种。袍身宽大，两侧开祺，长及脚踝，在领、袖、衣襟、下摆处镶有各种滚边装饰。清代后期，汉族妇女受满族生活习俗影响，以穿旗袍为时尚，满汉妇女服饰差别日益减少，袍身由肥大变得窄而合体，显露女性曲线美。旗袍经过不断的改进，最终演变成为独具东方女性特色的服装，并享有"国服"之美誉。

图5-71 清旗袍

2. 马甲

在旗袍之外，还有马甲。马甲是无袖之衣，即"背心""坎肩"。早期男女都可穿用，后为满族妇女服饰。马甲的款型有对襟、大襟、缺襟（琵琶襟）、一字襟四种。其中最有名的是一字襟马甲，又称"巴图鲁①坎肩"。这是一种多纽扣的马甲，四周镶边，在正胸前并排七粒纽扣，坎肩两侧开祺处用六粒纽扣，共十三粒，俗称"十三太保"（图5-72）。

图5-72 清一字襟马甲

3. 旗髻

旗髻指满族妇女的两把头、大拉翅等头髻。据《旧京琐记》中载："旗下妇装，梳发为平髻，曰一字头，又曰两把头。"平髻，就是将头发自头顶中分为两绺，于头顶左右梳二平髻，二平髻之间横插一大扁方，余发与头绳合成一绺，在扁方下面绕住发根以固定之。外观头顶像一字，也像一柄如意横置于头顶上，因此，有两把头、一字头、把儿头、如意头的种种称呼。

所谓"大拉翅"，就是指在变化之后的两把头的基础之上戴一种扇形的冠饰。咸丰年间，两把头的发髻越来越高，逐渐变成了极具特色的"牌楼式"装饰，并且只需把固定的"扇形"套在头上，再加一点绢制的花朵即可（图5-73）。

图5-73 梳两把头、戴耳饰的满族女子

---

①巴图鲁，为满语，是勇士的意思。

4.旗鞋

旗鞋是旗女最有特色的服饰之一，上至宫廷贵妇，下至民间妇女都可穿着。满族妇女没有裹脚的习俗，为天足，喜穿木质高底鞋，称为"旗鞋"。其木底前平后圆、上细下宽，底高三四寸，高者也有达七、八寸，其外形及落地印痕皆似马蹄，因而又称"马蹄底鞋"。有钱人家多以绸缎做鞋面，平民百姓家多以布做鞋面，无论贫富，皆彩绣花卉图案，素而无花的鞋因近似丧服而禁忌。贵族妇女还常在鞋面上饰以珠宝翠玉，或于鞋头加缀缨络（图5-74）。

图5-74 高底旗鞋

（三）汉族女子冠服

清代汉族妇女的服饰由于有"男从女不从，官从隶不从"之说，所以多沿用明末的服制，后期也有汉满结合的。

图5-75 云肩

1.百裥裙

清代汉族女子除穿着褙子、一裹圆、裙子外，还崇尚百裥裙，最多可达160裥。咸丰年间流行一种叫鱼鳞百褶裙，以数幅布帛拼合而成，折成细裥，折裥之间用丝线串联，交叉成网，展开后形似鲤鱼的鳞甲。《清代北京竹枝词》咏道："凤凰如何久不闻，皮绵单袷费纷纭。而今无论何时节，都着鱼鳞百褶裙。"

图5-76 汉族女子发髻花饰
（清代天津杨柳青年画中形象）

2. 云肩

云肩又叫披肩，多以丝缎织锦制作。起源于五代，到明清时期作为妇女礼服上的装饰。因其常用四方四合云纹装饰，并多以彩锦绣制而成，犹如雨后云霞映日，晴空散之彩虹，故称为云肩。云肩是汉服的一大特色，具有很强的装饰性，是女子的主要服饰配件（图5-75）。

3. 头饰

清初妇女的发式仍尚明式，有牡丹头、荷花头等。这些式样都为高髻的典型发式。后来，流行戴鲜花或假花并用金、银、玉石等加以装饰，达到美化的目的（图5-76）。

总之，清代是一个服饰变化的重要时期，初为汉满两班，各自沿袭祖先，后又逐渐融合，相互补充，创造出了具有汉满特点的、深得汉满两族人心的服装（图5-77、图5-78、图5-79）。后期也有受到西方文化影响的势头。西式裙、大衣、围巾，以及量体裁衣等也在上层社会逐渐出现，使整个中国服饰史即将翻开崭新的一页。

图5-77   图5-78   图5-79

4. 弓鞋

汉族妇女多缠足，穿小脚用的弓鞋（图5-80）。弓鞋，即缠足鞋，一般由妇女自己制作。木头作底，蒙上各色绸面，弓鞋上多施重绣，有的还缀上珠玉，夹上龙脑、麝香等香料。弓鞋色尚大红。弓鞋之底垫在后跟，旗鞋之底垫在中间。质料多为缎子，讲究色彩鲜艳。睡觉时穿的是睡鞋，为软底。

图5-80 弓鞋

第四节
20世纪后中国服章的新气象

一、汉族服饰

民国时期是中国历史上从古代社会向现代社会转变的一个特殊历史时期。19世纪后半期,帝国主义的侵略、辛亥革命的爆发、清制的废除等都强有力地冲击和动摇了中国两千多年封建社会的经济政治基础,这种冲击的浪潮也同样拍打着旧的衣冠制度。中西合璧的服饰或纯西式的服饰逐渐进入到中国人的生活领域,中国人保守了几千年的思想,终于获得解放,社会中受新思想、新文化浪潮影响的民众开始抗议女子缠足、男性留辫子。"缠"与"放""留"与"剪",成为当时社会革新和保守的分界线。

(一)男子服饰

新体制下的服饰制度使国民衣着不再有等级差别,有的只是行业之间、工作性质之间的着装差别。民国元年政府规定了男女礼服的形制,男子礼服分为两种,即大礼服和常礼服。

1. 大礼服

大礼服即西式的礼服,分为昼礼服和晚礼服两种。昼礼服用黑色面料裁制而成,款长而与膝齐,衣袖与手脉齐,前衣对襟,后衣下端开衩,穿时配同色长过踝的靴子。晚礼服类似西式的燕尾服,后摆呈圆形,前缀黑结。穿大礼服时需戴高而平顶的有檐帽子,配西式长裤。

2. 常礼服

常礼服分两种,即西式和中式的。中式的即传统长袍马褂,西式的与大礼服略相同。

（1）长袍、马褂

头戴瓜皮小帽，下身着中式裤子，脚蹬布鞋或棉靴。这就是民国时期中年人及公务人员交际时的装束（图5-81）。长袍马褂既可当作出客礼服，也可当作一般便服。穿这种服式的人大多为中上层市民，或者政府官员、职员、商人、教师等，一般劳动人民还是穿短服。用作礼服的马褂、长衫，在款式、质料、色彩及具体尺寸上都有一定的格式。用作便服的马褂、长衫，颜色则可不拘。

图5-81 穿长袍马褂的男子

（2）西服、革履、礼帽

圆顶礼帽，下施宽阔帽檐，微微翻起，成为与中、西服装皆可配套的庄重首服。这是青年或从事洋务工作者的装束（图5-82）。1941年10月，民国政府公布了"服制"，规定了以西式服装为大礼服，但这个制度后来未能在民间实行。1919年后，西服作为新文化的象征冲击传统的长袍马褂，西服才渐渐得以流行。

礼帽分冬夏两种款式，冬天用黑色毛呢，夏天用白色丝葛。它的形状大多是圆顶，下面有宽阔的帽檐。穿着中式、西式服装都可以戴礼帽，这是当时男子最庄重的服饰。至于其他便帽，样式也比较丰富，一般都以各人的身份、地位及职业而定，没有统一的制度。

（3）学生装

民国初年，在流行西服的同时，不少知识分子及青年学生还喜欢穿"学生装"，其式样主要为直立领，胸前有一个口袋，这种服装样式为清

图5-82 西服、革履、礼帽

末引进的日本制服在欧洲西服的基础上派生出来的。穿着这种服装，给人一种精神、庄重之感。一般为资产阶级进步人士、市民阶层和青年学生所服用（图5-83）。

（4）中山装

中山装在国际上被称为中国男式礼服的代表性服装。它是借鉴学生装并在西装的基本样式上渗入中国的传统意识而形成的国产制服装。据说因孙中山先生率先穿用而得名。其样式根据周代礼仪、中国传统思想等内容寓以含义，如依据我国的国之四维（礼、义、廉、耻）来确定前襟的四个口袋；依据民国时期提倡的五权分立（行政、立法、司法、考试、监察）而确定前襟五粒扣子；依据三民主义（民族、民权、民生）而确定袖口为三粒扣子（图5-84）。

（5）长袍、西服裤、礼帽、皮鞋

民国后期，西风东进。随着剪发令的推行，为了给新剪的头发配上合适的衣帽，时髦的国人纷纷改头换面，将西装与中国传统的长袍马褂进行融合。正所谓"先从顶踵别安排，模仿西装处处皆。记得改元初变故，革鞋毡帽遍华街。"长袍、西裤、礼帽、皮鞋即一种中西合璧的服饰：绸缎长袍、西服裤，头顶圆形礼帽，足上是一双乌黑油亮的牛皮鞋。这样的装束大多为有身份、有地位的大人物的时尚，如一些国民党的要员、大商人、大银行家、时髦的学生、青年等（图5-85）。

图5-83 学生装

图5-84 中山装　　　　　图5-85
长袍、西服裤、礼帽、皮鞋

（二）女子服饰

在中国服饰史上，中华民国时期的女性服饰有着重要地位。它以中西交融、满汉交融为特色，充分展示了这一时期女性服饰大跨度的历史变革，突显了人性化、个性化和近代化的时代特征。

民国初年，随着中国几千年的君主专制制度的崩溃，妇女足部的解放，西方人性化、个性化的审美理念的进入，使中国妇女在两个方面最先焕发出解放意识——婚姻和服饰。时髦的知识阶层的女性身上明显反映着中国服饰文化与外来服饰文化的双重影响：烫发，涂口红，穿改良旗袍及高跟鞋。

1. 袄裙

民国初年，妇女的服饰变化较多，女服进一步向表现女性人体美的方向发展，流行了四五百年的长袄终于被精致的短袄替代了。短袄的款式为：领口较低，袄的下摆裁制成圆弧形，其边缘从身体的正中向两侧呈弧形上升到身体两侧，衣下摆已经短得仅仅及腰部，短袄的双袖为阔大的"喇叭袖"，袖长的及腕，短的仅及肘部，这种形式令上袄显得更加短小，女性的玉臂皓腕都呈现出来。裙子前期为钟形长裙，后期缩短至膝下，可在边缘施以花边或珠绣。短袄与裙相配穿，使女子愈发显得修长美丽（图5-86）。

图5-86 袄裙穿戴图

2.旗袍

旗袍是我国一种内与外和谐统一的富有民族风情的妇女服装，由满族妇女的长袍演变而来。由于满族称为"旗人"，故将其称为"旗袍"。

从清末民初到三四十年代，旗袍的袖子、领子及下摆部分，在不同时期有不同的变化：袖子从宽到窄，从长到短；领子从低到高，又到西式领型；下摆从长到短，再由短到长，完全随着时代的变迁而变迁（图5-87、图5-88、图5-89、图5-90、图5-91）。

20世纪20年代，受西方服饰影响，出现了"改良旗袍"，从遮掩身体的曲线到显现玲珑突兀的女性美，使旗袍彻底摆脱了旧有模式，成为中国女性独具民族特色的服装。改良后的旗袍进入了中国的千家万户，并在20世纪30年代，几乎成为中国妇女的标准服装。

20世纪30年代是旗袍完成并盛行的经典时期。当时的样式变化主要集中在领、袖、腰身及长度等方面。先流行高领，领子越高越时髦，即使在盛夏，薄如蝉翼的旗袍也必配上高耸及耳的硬领。渐而又流行低领，领子越低越"摩登"，当低到实在无法再低的时候，干脆就穿起没有领子的旗袍，而且西式的领型也深受时尚女子的喜爱。腰身也变得极窄，以致贴体，更显出女性的曲线。袖子的变化时而流行长的，长过手腕；时而流行短的，短至露肘。总之，"中西合璧，变化万千"是这一时期旗袍的典型特点。

20世纪40年代是旗袍黄金时代的延续，旗袍再度缩短，而袖子则短到直至全部取消，几乎又回到了二百年前的长马甲时代，所不同的只是更加轻便适体，变成流线型。

3.衣裤

一般在不着裙子时就只穿上衣下裤，其形式长短随时变异。这种衣式以年轻姑娘和劳动妇女为多，作为家居服的也很多。

4.连衣裙

连衣裙为20世纪20年代初期留学生及文艺界、知识界的女士所穿着的一种服装款式。其形制由上身的衣和下身的裙相连而成，衣襟多为直开襟，并有开在前、后之分；腰部为收腰或束腰带，显示腰身纤美修长；袖子有长袖、短袖、泡泡袖、喇叭袖等变化，领有方领、圆领、水兵领等；下裙有斜裙、喇叭裙、节裙等，款式变化非常丰富（图5-92）。

图5-87 穿中袖旗袍的女子

图5-88 穿短旗袍的女子

图5-89 穿短袖长旗袍的女子

图5-90 穿无袖长旗袍的女子

图5-91
穿短外套和短袖旗袍的女子

图5-92 穿连衣裙的女子

5.发式

清末民国初年，女子的发式随着流行而不断变化，除部分保留传统的髻式造型外，又在额前留一绺短发，时称"前刘海"（图5-93）。前刘海儿的式样一般都盖在眉间，也有遮住两眼的，还有将发剪成圆角，梳成垂丝形的（图5-94）；或者将额发分成两绺，并修剪成尖角，形如燕尾，时称"燕尾式"（图5-95）。到了民国初年，更风行一种极短的刘海儿，远远看去若有若无，名叫"满天星"（图5-96）。

辛亥革命以后，时兴剪发，并多用缎带束发。约在20世纪30年代，国外妇女的烫发经沿海几个通商口岸传入国内，使得人们的发式妆饰大多崇尚效仿西洋，染发也成为达官贵人所追求的时尚方式。至此为止，各式各样的发式造型达到历史上前所未有的异彩纷呈。

图5-93 一字式计前刘海

图5-94 "垂丝式"前刘海

图5-95 "燕尾式"前刘海

图5-96 "满天星式"前刘海

二、少数民族服饰

我国是一个多民族的国家,中华服饰文化从原始社会就遍布各地,多源并存,相互交融。商周时期,就形成以华夏民族为主体的光辉灿烂的中华服饰艺术传统。现今我国除汉族外,尚有55个少数民族,各族人民在各自的生活中创造了各具特色的服饰艺术,其渊源之深厚,服饰之丰富多彩,是举世无与伦比的,这是发展我国新的民族服饰文化的长远优势。

(一)黑龙江、吉林、辽宁三省民族服装

黑龙江、吉林、辽宁三省民族有朝鲜族、满族、鄂伦春族、达斡尔族、鄂温克族等。朝鲜族女装(图5-97)以斜襟短上衣与高胸统裙或缠裙配套,颇有大唐遗风;朝鲜族男子服装以斜襟短衣、坎肩与肥腿裤配套。满族服装在前面已分析过,在此不再赘述。达斡尔族、鄂温克族、鄂伦春族(图5-98)男女则均穿立领右衽大襟长袍。赫哲族(图5-99)男穿前后开衩、镶云头宽边长袍,长裤;女穿无立领大襟鱼皮或鹿皮长袍,上饰鹿皮剪成的图案,下摆缀海贝、铜钱。男穿狍皮、鹿皮靴,女穿厚底绣花鞋。

图5-97 朝鲜族女装　　　　图5-98 鄂伦春男女服装　　　　图5-99 赫哲族男子服装

（二）内蒙古自治区民族服饰蒙古族服装

内蒙古自治区以蒙古族为主。蒙古族服饰有一个共同特点，即无论式样有何差异，男女均着大襟长袍，边缘以宽边为饰。头裹包头或扎系头巾。男女腰间皆扎系红、黄、绿色腰带，宽且长，男子在腰下挂刀鞘。牧民脚穿"唐吐马"，即半筒高靴，靴上以彩色线绣出美丽的云纹、植物纹或各种几何纹。

摔跤服（图5-100）是蒙古族极有特色的服装，有些地方将其称为"昭得格"。一般是上身为革制绣花坎肩，边缘嵌银制铆钉，领口处有五彩飘带，后背中间嵌有圆形银镜或吉祥文字。腰围特制宽皮带或绸腰带，皮带上亦嵌有两排银钉。下身穿白布或彩绸制成的宽大多褶的长裤。外套吊膝，一律缘边绣花，膝盖处绣花纹并补绣兽头，更增添着装者的威武之气。头上不戴帽或缠红、黄、蓝三色头巾。脚下登布制"马海绣花靴"或"不利耳靴"。

图5-100 蒙古族摔跤服

（三）宁夏回族自治区民族服装回族服装

西北回族男女均穿短衣长裤。回族男子一般为长裤、长褂。秋凉之际外罩深色背心，白衫外缠腰带，最大特点为头戴白布帽。女子服饰与汉族类似。有的着衫、长裤，戴绣花兜兜，有的长衫外套对襟坎肩，一般多习惯蒙头巾。男女鞋子与汉族鞋式大体相同（图5-101）。

维吾尔族、哈萨克族（图5-102）、柯尔克孜族、塔吉克族、乌孜别克族（图

5-103)、俄罗斯族、塔塔尔族服装各有特色，但也有共同点，男装套头白衬衫，齐膝长衣，女穿连衣裙，外套绣花坎肩，脚穿高统皮靴是他们的相通之处，他们的帽子、服饰花纹和色彩、坎肩及连衣裙的用料和款式均有不同的变化，佩戴的首饰也丰盛多样，具有中亚服饰艺术的特色。锡伯族男穿大襟左右开衩长衣或对襟短衣，冬袍夏衫，腰系绸带或皮带；女穿右大襟长袍，外套背后开衩的高领对襟短坎肩。男女均穿扎裤脚的长裤。

图5-101 回族男女服装

图5-102 哈萨克族男女服装　　　　　图5-103 乌孜别克族男女服装

（五）甘肃省与青海省民族服装

裕固族服饰因地区而有变化，甘南裕固自治县，男穿矮领、白镶边、下摆开小衩长袍，外套马蹄袖马褂，左耳戴大耳环，腰挂腰刀、火镰、火石、小佛像、鼻烟壶等；女穿衣领高至耳根的右襟长袍，上镶绣花边，袍外套鲜艳的高领坎肩，系红、绿、紫色腰带，左侧系几条彩色手帕，穿长统布靴（图5-104）。

保安族男子节日穿翻领斜襟皮袄，下摆镶色布加边，束长腰带，高统马靴；女穿苹果绿、粉红、玫红花长袍，双檐绣花鞋。

　　东乡族男女服装均明显受到其他民族影响。男子在20世纪初时服蒙古族典型套服与佩饰。后来似回族戴皮质或布质白帽，身穿白衫，外套坎肩。有的似维吾尔族腰间横围三角绣花巾。女子的一些服式也类似回族，但其帽与坎肩有独到之处。如帽边向上裹卷，形成一条圆条状凸棱；或是由数个布缝圆筒，穿在一起成为头箍，每个圆筒上均有绣花，并加大花及垂饰。

　　撒拉族青年男子春夏穿宽松对襟白短衫，套无领黑坎肩，束布腰带，右腰围绣花布兜，戴平顶圆帽或六牙布帽，冬穿对襟棉袄，少女穿红或水红大襟长袍，外套花坎肩。

　　土族男子春夏秋穿自制羊毛白褐衫或蓝布高领长袍，外套坎肩，围绣花围肚，系绣花腰带，双櫋绣花云纹布鞋，冬穿织锦镶边白板羊皮袄、皮帽、长布靴；女穿小领斜襟、两袖用五色布拼接的斜襟长衫，外套黑或紫红坎肩，腰系长而宽的绣花彩带（图5-105）。

图5-104 裕固族男女服装　　　　　　　　图5-105 土族男女服装

（六）西藏自治区民族服装

藏族男女长袍式样基本相同，为兽皮里、呢布面，所有边缘部分均翻出很宽的毛边，或是以毡氇镶边形成装饰。男女长筒皮靴也基本一样，用毛呢、皮革等拼接缝制而成，硬底软帮。靴面和靴帮有红、白、绿、黑等色布组成的图案，每块布剪成优美的云纹等形状，中间以金边镶沿，靴腰后部还留有十多厘米长的开口，以便穿脱。

男子皮袍较肥大且袖子很长，腰间系带。穿着时习惯脱下一袖露右肩，或是脱下两袖，将两袖掖在腰带之处。袍内可着布衣，或不着内衣。腰带以上的袍内形成空间，可以作为盛放物品的袋囊，使藏族皮袍独具特色。头上戴头巾或是侧卷檐皮帽，帽檐向侧前方延伸上翘。腰间常佩短刀、火石等饰件，并戴大耳环和数串佛珠。女子平时穿斜领衫，外罩无袖长袍，腰间围藏语称之"邦单"的彩条长围腰。头上裹头巾，或是在辫子中夹彩带盘在头上，形成一彩辫头箍。腰间有诸多银佩饰与挂奶钩，并喜戴耳环、手镯等饰件，以颈、胸及腰部的佩饰最为精美（图5-106）。

图5-106 藏族男女服装

门巴族、珞巴族男子服饰类似藏族。但珞巴族女子着彩条袖上衣，外罩长背心或斜罩格绒毡，亦有穿在前面相掩的横条筒裙。裹腿，着鞋或长筒皮靴。头上盘辫或梳辫，也有直接披发于脑后。珞巴族女子喜戴佩饰，颈间围十余串珠饰，耳上挂大耳环，腰间有铜饰、银饰及贝壳、玉石等物，走动时，环佩叮当。

（七）四川省与贵州省民族服装

羌族男女都穿右衽大襟长衫，外罩羊皮坎肩，包头，束腰带；女系绣花围腰，穿尖钩鞋，则属另一种类型的古典风味。

彝族男子披形似斗篷的"擦尔瓦"或披毡，头缠青蓝布帕，并在右前方扎一根长约25cm的锥形"英雄结"，女戴鲜艳的头帕或缀有银泡的鸡形冠，是一种独特的艺术风格（图5-107）。

苗族女子服饰五彩斑斓，一般是上着短衣，中间掩襟、大襟或是前两片分开，露出同色绣花内衣。下着短裙或长裙，亦有着长裤者。全身服装遍施图案，以黑色为底，上面以刺绣、挑花、蜡染、编织等手法装饰。讲究佩戴银饰，胸前有大型银项圈和银锁，垂下银质珠穗。头上常梳髻，

图5-107 彝族男女服装

高高盘于头上，再以各种银梳、绢花、头簪、垂珠为饰，也有以银铸成双角状头饰，高高竖在头上，或者将头发缠上黑布和黑线。脚下一般穿木底草编鞋。男子服装主要为对襟上衣、长裤，有时外罩背心或彩绣胸衣。其包头巾一头长及腰带，两头均抽穗或绣以彩线图案。脚蹬草鞋、布鞋或赤足，扎裹腿时，亦在腿带上绣花。

水族女子服饰以黑色为主。通常头裹黑包头，身穿宽袖对襟黑衣，下穿黑裙，裙内着裤，或直接着黑色长裤。最普遍的是在胸前系一黑色围裙，裙上端绣粉红色花。脚登布鞋，衣袖和裤管中间都有蓝布花边，上以彩线绣出图案。头上包头或盘髻，除耳环外，还普遍佩戴珠链式项饰或多层项圈。男子服装为长衣、长裤、包头、草履，内穿衣服小方领翻于外。

侗族女子喜着长衫短裙，其上衣为半长袖、对襟不系扣，中间敞开一缝，露出里面的绣花兜兜。下穿短式百褶裙，裙长及膝盖，小腿部裹蓝色或绣花裹腿。侗族姑娘讲究绣花鞋，在衣服的边缘部位也有层层绣花锁边。头上饰有环簪、红花、银钗和盘龙舞凤的银冠，颈戴银项圈，最大一环直径抵肩。男子服饰与邻近民族男服

基本相同，只是缘边和裹腿处多绣成图案（图5-108）。

布依族女子服饰多种多样：有的着彩袖斜领衣，下着长裙，前系长围裙；有的为大襟短衣长裤，腰间束带。头上有以围巾向后系扎的，也有以绣花方帕加辫发共成首服的，包头巾还常有一头长垂至腰。已婚妇女则用竹皮或笋壳与青布做成"假壳"，戴在头上，向后横翘尺余，是一种很特殊的首服形式。也有头不裹巾，仅以红、绿头绳为饰。脚上多着草鞋或布鞋。男子服装与侗、苗族男子服装近似。

图5-108 侗族男女服装

（八）云南省民族服装

白族男穿白或浅蓝多祥扣对襟衣，套坎肩，女穿无领或小立领前短后长的大襟衣、坎肩，坎肩右襟系"三须""五须"银饰，姑娘编辫盘头，戴鱼尾帽、银泡"鼓钉帽"，男女均穿宽裆长裤。

傣族男子穿无领对襟或大襟短衫、长裤。西双版纳傣族女子穿浅色紧身背心，外穿腰紧摆宽、衣角翘起的对襟或大襟短衫，下着长筒裙，腰束银腰带，具有袅娜多姿的美感。

云南哈尼族、傈僳族（图5-109）、佤族、景颇族、布朗族、阿昌族、德昂族、独龙族、基诺族的服装大体上也具有比较相近的艺术特色，男子一般穿短上衣长裤，女子穿短上衣和短褶裙或筒裙，配以丰盛而古朴的首饰佩饰，有的还戴着头箍、耳环、手镯、项圈、臂箍、腰箍、腿箍等，裙子也常由女子自己织绣，服装多紧身合体。

图5-109 傈僳族男女服装

　　云南丽江纳西族妇女穿过膝大褂、大坎肩、长裤，披羊皮帔肩，上缀刺绣七星，肩两旁缀日月，象征"披星戴月"。男子服饰与邻近民族相似（图5-110）。

　　普米族男穿宽松式短麻布上衣和裤子，披羊皮坎肩，或穿藏式毛料长袍，女穿白大襟上衣，绣花坎肩，长裤，系围腰。有的地区穿百褶长裙，束彩带，扎黑布大包头，编发鬏，扎牦牛尾毛和丝线盘于顶，以粗大为美。

　　拉祜族女子穿凯衩很高的长袍，袍袖、领口、大襟、下摆等部位均镶有密密的银圆饰，形成珠状边饰。下身穿暗横条肥裤或是带边缘的红花裙。另外，头巾和挎包等垂穗均拉得很长，长，并且用多色彩线组成。男子服装与云南其他民族服装相似（图5-111）怒族女子穿右衽浅色条纹上衣，套青红色大襟坎肩，穿青色长裙。

图5-110 纳西族男女服装　　　　　图5-111 拉祜族男女服装

（九）广西壮族自治区民族服装

壮族男女均喜着白色或其他浅色的上衣，多为对襟、扣襻。下身为黑色肥裤管长裤，赤脚或着草鞋。其中男子多戴斗笠，系宽腰带。女子以花头帕绾于头上，裤上缝花边，胸前只钉两对扣襻，使之形成装饰。

京族男女均着裤管较肥的长裤，赤脚。但女子装束更有特色，着无领长袖紧身浅色衣，头戴直三角尖顶斗笠。另外，也有着立领大襟上衣或紧身大襟长衫的。

毛南族男女服饰均与汉族近代服饰相似，但花竹帽是毛南族著名工艺品，被称为"顶卡花"。它是男女老少都戴的晴雨两用首服，也是姑娘装束的重要饰品和男女之间不可缺少的定情之物（图5-112）。

图5-112 毛南族男女服装

瑶族女子着无领上衣，深色，领口处翻出浅色的内衣领，下身穿长裤，布鞋。上衣外罩彩绣坎肩，腰间系带，前垂围裳。其首服多种多样，不能笼统地归为一种。瑶族因居住地不同而服饰各有特点。如广西南丹地区男子，穿长过膝盖的白色灯笼裤，上绣红色竖条花纹，被称为"白裤瑶"。广东连南地区男子则蓄发盘髻，头包红布，上插野雉翎毛，女子也有以羽毛插于包头之上的装饰习俗（图5-113）。

仡佬族、仫佬族服装男子以短上衣长裤为主，女子以短上衣百褶裙或筒裙为主，衣

图5-113 广西南丹地区瑶族男女服装

裙多为自织自染自绣的布料制作，花式繁缛，精美朴质而具有乡土气息。丰盛的银质首饰佩饰，尤为华美壮观。

（十）福建、广东、台湾、湖南等省民族服装

畲族女子着斜襟上衣，其特色服饰是"凤凰装"，即头戴以大红、玫瑰红绒线缠成统一形状与发辫相连的"凤凰冠"和全身衣饰以大红、桃红、金线、银线为主的带有银饰的服装（图5-114）。

黎族服饰虽因不同地区和支系而有区别，其女装基本款式为短衣、统裙。服饰纹样以织花、绣花、扎染为主，花纹精美，装饰部位合理。裙分长、中、短三种类型，以超短裙较普遍。现在已出现仿民族传统纹样的印花布统裙。民间自织的裙料，花纹也在简化，只在裙尾部分织出15cm的花纹。

高山族男子服装上身以对襟长袖衣和对襟坎肩为主，短者及腹，长者及膝，下缠腰裙或前裙，也有穿套臂和套裤的。妇女穿对襟长袖

图5-114 畲族男女服装

上衣，下穿腰裙、单裙、长裙，或穿大襟右衽、左右开衩很高的窄袖长衣，下身穿裤，因地而有不同。节日衣裙裤带五彩斑驳，衣上及腿上配戴贝珠、料珠、银饰、骨饰、羽毛饰品，更有穿珠裙、贝衣的。大陆的高山族，女穿无领对襟上衣，内有胸衬，下穿统裙，头戴软布花环。

土家族男子着对襟上衣，宽缘边，多纽扣。下身长裤也有缘边，一般为云纹，头上包头巾。女子着大襟上衣，下身穿长裙长裤，所有的边缘都是很宽的花带，喜扎围腰。

参考文献

[1]华梅.中国服装史[M].北京：中国纺织出版社，2010.

[2]黄能馥，陈娟娟.中国服饰史[M]2版.上海：上海人民出版社，2014.

[3]袁仄.中国服装史[M].北京：中国纺织出版社，2005.

[4]王安华，畅瑛.中国服装发展简史[M].北京：化学工业出版社，2009.

[5]华梅，要彬.中西服装史[M].北京：中国纺织出版社，2014.

[6]陆广厦，孙丽.服装史[M]3版.北京：高等教育出版社，2014.

[7]刘瑜.中西服装史[M].上海：上海人民美术出版社，2015.

[8]任夷.中国服装史[M].北京：北京大学出版社，2015.

[9]赵刚，张技术，徐思民.中国服装史[M].北京：清华大学出版社，2013.

[10]张灏.汉服审美[M].天津：天津大学出版社，2013.

[11]张竞琼，曹喆.看得见的中国服装史[M].北京：中华书局，2012.

[12]沈从文.中国古代服饰研究[M].上海：上海世纪出版集团，2011.

[13]周锡保.中国古代服饰史[M].北京：中国戏剧出版社，1984.

[14]孙机.中国古舆服论丛[M].北京：文物出版社，1993.

[15]黄能馥，陈娟娟.中华服饰艺术源流[M].北京：高等教育出版社，1994.

[16]王维堤.衣冠古国[M].上海：上海古籍出版社，2001.

[17]王鸣.中国服装史[M].上海：上海科学技术文献出版社，2015.

[18]陈茂同.中国历代衣冠服饰制[M].天津：百花文艺出版社，2005.

[19]陈高华，徐吉军.中国服饰通史[M].宁波：宁波出版社，2002.

[20]袁杰英.中国历代服饰史[M].北京：高等教育出版社，1994.

[21]上海戏曲学校中国服装史研究组.中国历代服饰[M].上海：学林出版社，1984.

[22]戴钦祥，陆钦，李亚麟.中国古代服饰[M].北京：中共中央党校出版社，1991.

[23]周汛，高春明.中国衣冠服饰大观[M].重庆：重庆出版社，1994.

[24]黄土龙.中国服饰史略[M].上海：上海文艺出版社，1994.

[25]赵联赏.服饰史话[M].北京：中国大百科全书出版社，1998.

[26]管彦波.中国头饰文化[M].内蒙古：内蒙古大学出版社，2006.

内容提要

《华夏衣裳——中国服章之美》是一本关于中国传统服装文化研究的理论著作。全书以时间为线索，详细论述了自原始时代开始至20世纪初期中国服饰的发展流变，同时也论述了独具风情的少数民族服装，充分展示了中国服装的无穷魅力。本书结构合理、条理清晰，内容丰富、全面，具有很强的学术性和可读性，是一本值得学习研究的著作。

图书在版编目(CIP) 数据

华夏衣裳·中国服章之美/ 肖慧芬著. -- 北京：
中国纺织出版社， 2018.3

ISBN 978-7-5180-3557-1

I.①华...II.①肖...III.①服饰文化-研究-中国
IV.①TS941.12

中国版本图书馆CIP数据核字（2017）第091634号

责任编辑：姚 君　　　　责任印制：储志伟

中国纺织出版社出版发行
地址：北京市朝阳区百子湾东里A407 号楼　邮政编码：100124
销售电话：010-67004422 传真：010-87155801
http://www.c-textilep.com
E-mail:faxing@e-textilep.com
中国纺织出版社天猫旗舰店
官方微博http://www.weibo.com/2119887771
北京虎彩文化传播有限公司　各地新华书店经销
2018年3月第1版第1次印刷
开本：710×1000　1/16　印张：16.5
字数：296 千字　　定价：74.00 元